"十三五"规划教材

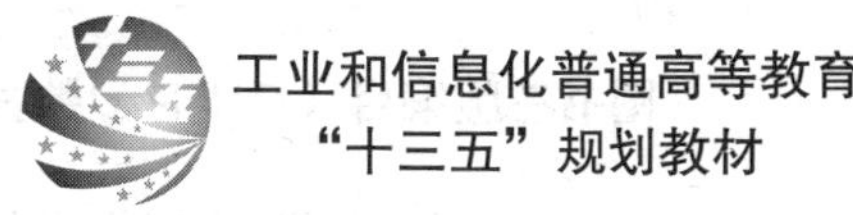

13th Five-Year Plan Textbooks of Software Engineering

Python 3 程序设计学习指导与习题解答

郭瑾 杨彬彬 刘德山 ◎ 编著

Learning Guide and Exercises for Python 3 Programming

人民邮电出版社
北京

图书在版编目（CIP）数据

Python 3程序设计学习指导与习题解答 / 郭瑾，杨彬彬，刘德山编著. -- 北京 ：人民邮电出版社，2020.10（2021.6重印）
普通高等教育软件工程“十三五”规划教材
ISBN 978-7-115-54257-1

Ⅰ. ①P… Ⅱ. ①郭… ②杨… ③刘… Ⅲ. ①软件工具－程序设计－高等学校－教学参考资料 Ⅳ. ①TP311.561

中国版本图书馆CIP数据核字(2020)第103862号

内 容 提 要

本书是《Python 3 程序设计》一书的学习指导配套教材，按照“源于主教材、高于主教材”的思路设计了本章内容概述、典型例题分析、问题与思考、习题与解答等内容。

全书围绕全国计算机等级考试大纲编写，深入挖掘二级 Python 考纲内容，知识讲解由浅入深，案例设计强调应用和扩展，并通过习题与解答检验读者的学习效果。本书还配有面向自我学习提升和全国计算机等级考试二级 Python 的模拟试卷，着力提升读者独立学习和分析问题的能力。

本书适合作为 Python 程序设计课程的学习指导教材，也适合作为全国计算机等级考试二级 Python 的考试辅导教材，还可供读者自学时参考。

◆ 编　　著　郭　瑾　杨彬彬　刘德山
　责任编辑　邹文波
　责任印制　王　郁　陈　犇
◆ 人民邮电出版社出版发行　　北京市丰台区成寿寺路 11 号
　邮编　100164　　电子邮件　315@ptpress.com.cn
　网址　https://www.ptpress.com.cn
　大厂回族自治县聚鑫印刷有限责任公司印刷
◆ 开本：787×1092　1/16
　印张：13.5　　2020 年 10 月第 1 版
　字数：354 千字　　2021 年 6 月河北第 2 次印刷

定价：45.00 元

读者服务热线：(010) 81055256　印装质量热线：(010) 81055316
反盗版热线：(010) 81055315
广告经营许可证：京东市监广登字 20170147 号

前言

Python 因其“简单”“优雅”“易学”的特性，已经成为不同层次、不同专业的读者学习计算机程序设计的入门语言。学习 Python 程序设计，更重要的是实践。笔者主编的教材《Python 3 程序设计》得到了很多读者的认可，一些读者认为，如果有配套的学习指导教材或实践教材，更有益于提高学习 Python 的效率，这也是笔者的想法。

教育部在 2018 年已将 Python 纳入全国计算机等级考试科目，通过等级考试也成为很多非计算机专业读者的需求。从教材出版来看，目前有很多优秀的 Python 教材，但实践类、指导类、习题类教材相对稀少。基于上面的原因，我们组织编写了 Python 的学习指导教材，将其作为主教材的配套教材，对 Python 知识的学习加以检验、深化和拓展。

学习指导教材按照主教材的章节次序，紧紧围绕全国计算机等级考试大纲，对二级 Python 考纲中的内容进行详细解析、深入挖掘。每章均包括本章内容概述、典型例题分析、问题与思考、习题与解答 4 个部分。

1. 本章内容概述

以知识点的方式总结各章的重点内容，主要是基本概念、方法和应用。部分较难掌握的内容，以示例的形式进行深入分析。

2. 典型例题分析

按照“源于主教材、高于主教材”的思路扩展主教材的内容。对部分重要、易混淆的示例进行详细讲解；对有代表性和扩展性强的示例，给出由浅入深的系列解答；对部分较难理解的内容和因版本更新而增加的知识，以示例的形式进行补充。

3. 问题与思考

最基本和最典型的知识点以问题的形式提出，并给出答案。

4. 习题与解答

精选大量习题并附参考答案。读者通过完成习题，了解对课程内容的掌握程度；对照参考答案，读者可以发现问题，有助于掌握所学的知识。

教材最后按照全国计算机等级考试二级 Python 考试大纲的要求，精心设计了 3 套模拟测试试卷并附上了参考答案。

本书由郭瑾、杨彬彬、刘德山编著。教材中的程序代码均运行通过，部分程序可能有多种实现方法。

本书约定，在不致引起歧义的情况下，为方便描述，本书不严格区分库和模块的概念；在方法和函数的描述方面，将用户定义的函数、使用库或模块调用的函数及一些通用的函数，统一称为函数，将类或对象调用的函数称为方法。

书中难免存在疏漏和不足之处，期望得到读者和同行专家的批评和建议，以提供更符合读者需求的教材。

编　者

2020 年 10 月

目 录

第1章 初识 Python

1.1 本章内容概述

本章重点学习计算机语言的基础知识和 Python 程序设计的基础知识，内容与全国计算机等级考试二级 Python 考试大纲一致。

1. 计算机语言

计算机语言即程序设计语言，其发展经历了机器语言、汇编语言、高级语言等阶段。

机器语言是采用计算机指令格式并以二进制编码表达各种操作的语言。计算机能够直接理解和执行机器语言程序。机器语言的特点是能够被计算机直接识别、执行速度快、占用的存储空间小。

汇编语言是一种符号语言，它用助记符来表达指令功能。

机器语言和汇编语言统称为低级语言。

高级语言是面向问题的语言，比较接近人类的自然语言。高级语言是与计算机结构无关的程序设计语言，可以方便地表示数据的运算和程序控制结构，能更有效地描述各种算法，方便用户掌握和理解。

Python 是一种高级语言。

2. 编译与解释

计算机程序的执行方式可分为编译和解释两种。

编译是将源程序代码转换成目标代码的过程。源程序代码（源代码）通常是计算机高级语言代码，而目标代码则是机器语言代码。执行编译的计算机程序称为编译器（Compiler）。

解释是将源代码逐条转换成目标代码的同时逐条运行目标代码的过程。执行解释的计算机程序称为解释器（Interpreter）。

编译和解释的区别在于：编译是一次性的翻译，程序被编译后，运行的时候直接使用编译后的目标代码，不再需要源代码；解释则在每次程序运行时都需要解释器和源代码。

Python 是解释型语言。

3. Python 的版本

Python 在发展过程中，存在 Python 2.x 和 Python 3.x 两个不同系列的版本，**两个版本之间不兼容**。目前是 Python 2.x 和 Python 3.x 两个版本并存。Python 2.x 的最高版本是 Python 2.7。Python 3.x 于 2008 年发布。

Python 2.x 和 Python 3.x 两个不同的版本存在的原因是，Python 3.0 发布时就不支持 Python 2.0 版本，导致很多用户无法正常升级使用新版本，所以后来又发布了一个 Python 2.7 的过渡版本。Python 2.7 于 2020 年 1 月 1 日正式停止提供支持。

4. Python 的开发环境

Python 的安装包可以在 Python 的官网上下载。**Python 安装包自带的编辑器 IDLE 是一个集成开发环境**，启动文件是 idle.bat，它位于安装目录的 Lib\idlelib 文件夹下。

IDLE 的常用快捷键如下。

- Ctrl + [　取消缩进代码。
- Ctrl +]　缩进代码。
- Alt+3　注释代码行。
- Alt+4　取消注释代码行。
- Alt+/　单词自动补全。
- Alt+P　浏览历史命令（上一条）。
- Alt+N　浏览历史命令（下一条）。
- F5　运行程序。
- Ctrl+F6　重启 Shell，之前定义的对象和导入的模块全部失效。

PyCharm 是 JetBrains 公司开发的一款专业级的 Python IDE，PyCharm 具有典型 IDE 的多种功能。用户可以根据自己的操作系统下载不同版本的 PyCharm，并且每个平台可以选择下载 Professional 和 Community 两个版本。PyCharm Professional 是需要付费的版本。

5. Python 程序执行原理

Python 是一种解释执行的脚本语言，可以直接运行。Python 程序的执行过程包含两个步骤：解释器先将源代码翻译成字节码，然后由虚拟机解释执行，如图 1-1 所示。

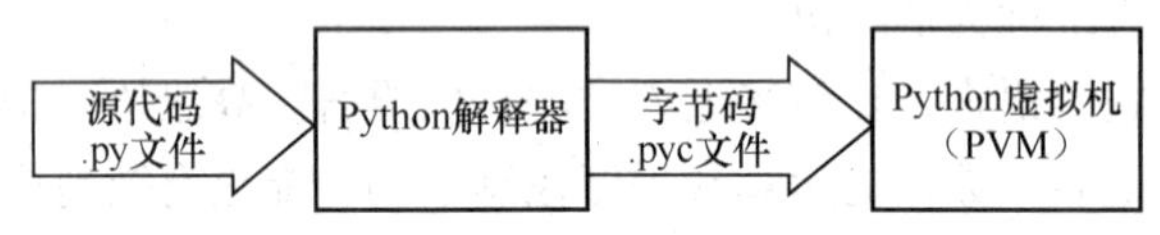

图 1-1　Python 程序的执行过程

Python 代码源文件的扩展名通常为.py。在执行时，首先由 Python 解释器将.py 文件中的源代码翻译成字节码，这个字节码是一个扩展名为.pyc 的文件，再由 Python 虚拟机（Python Virtual Machine，PVM）逐行将字节码翻译成机器指令执行。

6. 程序设计方法

IPO 模式是一种典型的程序设计模式，程序包括输入（Input）、处理（Process）、输出（Output）3 部分。输入是程序设计的起点，包括文件输入、网络输入、交互输入、参数输入等。输出是程序展示运算结果的方式，包括文件输出、网络输出、控制台输出、图表输出等。而处理部分则是程序的核心，包括数据处理与赋值，更重要的是算法。例如，给定两点的坐标，求两点的距离，需要一个公式，这个公式就是一个算法；再如，求三角形面积的海伦公式也是一个算法。更多的算法需要用户去设计，例如，从一组数据中查找某一数据的位置，需要根据数据的特点，由用户设计算法。

除了 IPO 模式外，通过添加足够多的注释来增强程序的可读性，通过调试来完善程序，都是程序设计中不可缺少的环节。

1.2　典型例题分析

1. 阅读下面的代码，逐行解析程序。

```
01  #code0101.py
02  '''
03  计算圆锥体体积，V=1/3*s*h
04  完成时间：20200201
05  '''
06  import math
07  r=eval(input("请输入圆锥体的半径："))
08  h=eval(input("请输入圆锥体的高："))
09  v=math.pi*r*r*h/3         #计算体积的公式
10  print("圆锥体体积为{:.2f}".format(v))
```

解析

（1）程序的第 1 行～第 5 行是注释，其中第 1 行是单行注释；第 2 行至第 5 行是由 3 个单引号（也可以用 3 个双引号）包围的多行注释，多用于大量信息描述，一般用于说明程序的功能。

（2）程序的第 6 行是导入语句，用于导入 math 模块，使得第 9 行的 math.pi 可以获得具体的圆周率。

（3）第 7 行和第 8 行包括函数 input()和 eval()，其中 input()函数用于接收用户从键盘输入的数据，接收的值是字符串；eval()函数用来执行一个字符串表达式，并返回该表达式的值。

（4）第 9 行是程序的核心，利用公式计算圆锥体的体积，第 10 行输出。

该程序保存在扩展名为.py 的文件中，本例中文件名为 code0101.py，编译后产生字节码文件（扩展名为.pyc），如果在 IDLE 下直接运行文件，该字节码文件不可见。程序执行到第 7 行、第 8 行后暂停，等待接收用户输入，之后输出。

按照程序设计的 IPO 模式，程序接收从键盘输入的圆锥体的半径和高，第 9 行是数据处理，计算圆锥体的体积，最后输出。这是一个典型的 IPO 模式的程序。

2. 阅读下面的程序，说明程序的功能。

```
01  #code0102.py
02  words=input("请输入 3 个英文单词，用逗号分隔：")
03  a,b,c=words.split(",")
04  if a>b:
05      a,b=b,a
06  if a>c:
07      a,c=c,a
08  if b>c:
09      b,c=c,b
10  print("按字典序排序的 3 个单词是",a,b,c)
```

解析

（1）程序的功能是对 3 个输入的单词按字典顺序排序，第 2 行使用 input()函数直接输入 3 个单词，放到变量 words 中。

（2）第 3 行使用字符串的 split()方法，拆分字符串，拆分后的 3 个单词赋给变量 a、b、c。

（3）第 4 行～第 9 行是比较字符串的算法。第 10 行输出。

请读者注意，使用 split()方法后，程序变得更为简洁。可以使用列表这种数据结构来进一步修改程序。

```
words=input("请输入英文单词，用逗号分隔：")
lst=words.split(",")
lst.sort()
print("按字典序排序的结果是",lst)
```

上面的代码中，使用字符串的 split()方法将单词存放到列表 lst 中，然后调用列表的 sort()方法，完成列表中单词的排序。实际上，这段代码更适合多个单词的排序。也可以使用下面的方法按降序排序。

```
lst.sort(reverse=True)
```

请读者到 Python 文档中查阅列表的 sort()方法相关参数的说明。

3. 查阅 Python 文档，查找其中的“Numeric Types”类型，试使用其中的代数函数、指数和对数函数、三角函数等完成计算功能。

解析

Python 文档提供了语言参考及标准模块的详细信息，是学习和使用 Python 的必备工具。

在 IDLE 下，选择[Help]/[Python Docs]命令或按 F1 键，就可以启动 Python 文档，如图 1-2 所示。

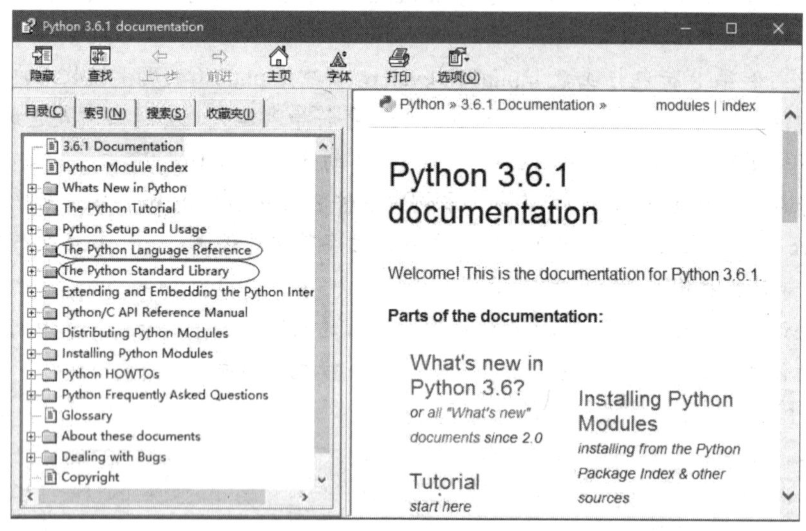

图 1-2　Python 文档初始界面

（1）本题中的“Numeric Types”是数值类型，包括整型、浮点型和复数类型 3 种。在文档的“The Python Standard Library”选项下，选择“Numeric and Mathematical Modules”模块，其中包括了数学运算的相关函数，如图 1-3 所示。

（2）要查找一些数学函数的使用方法，可以按图 1-3 所示的步骤查阅文档，还可以使用关键字查找具体函数的使用方法。

（3）如果要使用函数库中一些函数的具体计算功能，因为是 math 库中的函数，所以需要先导入 math 库，举例如下。

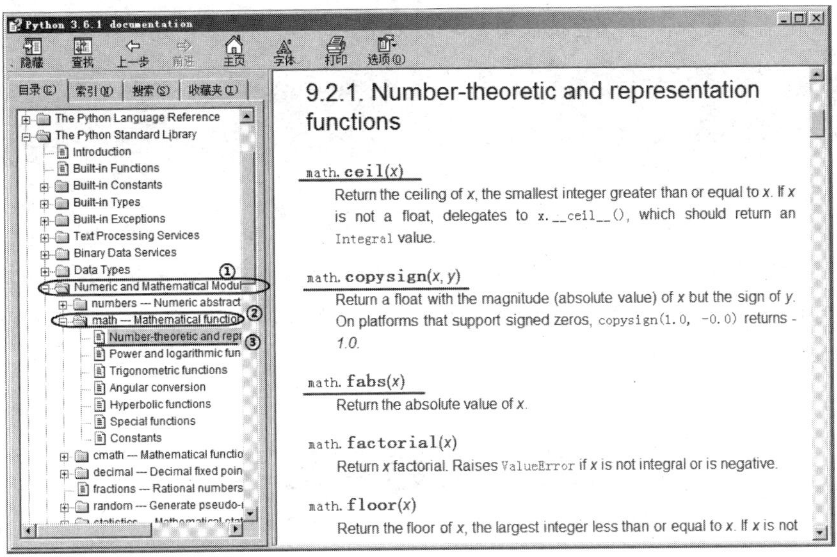

图 1-3　查找 math 模块中的函数

```
>>> import math
>>> math.fsum((1,2,4.55,-56))     #求和，数据需要在元组或列表中
-48.45
>>> math.fsum([1,2,4.55,-56])
-48.45
>>> math.gcd(36,27)     #最大公约数
9
>>> math.pow(13,2)      #指数函数
169.0
>>> math.sqrt(3)        #平方根函数
1.7320508075688772
```

（4）上面是使用 math 库中的函数，也可以选择使用 Python 的内置函数。内置函数在 “The Python Standard Library” 选项下的 “Built-in Functions” 中，如图 1-4 所示。

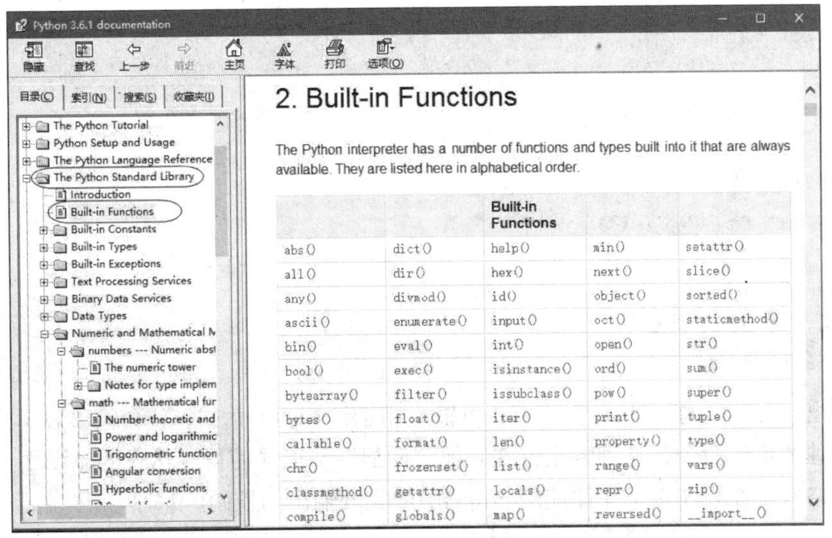

图 1-4　Python 的内置函数

内置函数不需要导入，可以直接使用，举例如下。

```
>>> max(45,21,-99,34.28)
45
>>> sum((14,201,-5.9,34.28))
243.38
>>> len("student")
7
```

Python 文档通常是英文文档，需要不断练习，从而熟练使用。初学者在理解一些语法或函数有困难时，可以借助“百度搜索”来查找一些知识点，也可以借助“菜鸟教程”网站来查找一些函数的使用方法。

1.3 问题与思考

1. Python 源文件的扩展名是什么？编译后生成的字节码文件的扩展名是什么？该字节码文件保存在什么位置？

2. Python 解释器环境中的特殊变量“_”有什么用途？

解答

1. Python 源文件的扩展名通常为.py。

程序在执行时，Python 解释器将.py 文件中的源代码翻译成扩展名为.pyc 的字节码文件，再由 Python 虚拟机（PVM）将字节码逐条翻译成机器指令执行。

.pyc 文件保存在 Python 安装目录的__pycache__文件夹下，如果 Python 无法在用户的计算机上写入字节码，字节码文件将只在内存中生成，并在程序结束运行时自动丢弃。主文件（直接执行的 Python 程序文件）因为只需要装载一次，所以并没有保存.pyc 文件。当 Python 源文件用 import 导入时，将会生成.pyc 文件，并且在__pycache__文件夹下可以观察到该文件。

2. Python 解释器环境中，存在一个特殊变量“_”，用于表示上一次运算的结果。使用该变量，用户可以更方便地调试程序，举例如下。

```
>>> import math
>>> r=2         #柱体半径
>>> h=4         #柱体高
>>> math.pi*r*r
12.566370614359172
>>> _           #上次运行结果
12.566370614359172
>>> math.pi*r*r
>>> _*h         #计算体积
50.26548245743669
```

顺便指出，在上面的 Python 交互模式下输入用于计算的表达式，就会输出表达式的值，而不需要使用单独的输出命令，这种输出方式叫作“回显”。回显使得表达式的显示更为方便，但不能控制显示格式。在程序中，往往使用 print()函数实现输出的控制。

1.4　习题与解答

1. 选择题

（1）以下关于 Python 属于哪种计算机语言的选项中，正确的是（　　）。

A. 机器语言　　B. 汇编语言　　C. 高级语言　　D. 数据处理语言

（2）Python 内置的集成开发环境是（　　）。

A. PyCharm　　B. Pydev　　C. IDLE　　D. pipy

（3）关于 Python 的特点，以下选项中描述错误的是（　　）。

A. Python 是一种脚本语言

B. Python 是一种非开源的语言

C. Python 是跨平台的语言

D. Python 是可用于 Web 开发的语言

（4）IDLE 中，将选中区域注释的快捷键是（　　）。

A. Alt+G　　B. Alt+3　　C. Alt+4　　D. Alt+Z

（5）以下选项中，不是 Python IDE 的是（　　）。

A. PyCharm　　B. Jupyter Notebook

C. R studio　　D. Spyder

（6）IDLE 中，为选中区域增加缩进的快捷键是（　　）。

A. Ctrl+S　　B. Ctrl+]　　C. Ctrl+A　　D. Ctrl+C

（7）下列关于 Python 版本的选项中，正确的是（　　）。

A. 目前存在的 Python 3.x 版本兼容 Python 2.x 版本的程序

B. Python 2.x 版本需要升级到 Python 3.x 版本才能使用

C. 目前的 Python 2.x 版本已经被淘汰

D. Python 2.x 和 Python 3.x 是两个不兼容的版本

（8）Python 解释器有多种计算机语言实现的版本，下面选项中不是 Python 解释器实现的是（　　）。

A. Cpython　　B. Jpython　　C. IronPython　　D. MPython

（9）在 Python 函数中，用于获取用户输入的是（　　）。

A. input()　　B. print()　　C. get()　　D. eval()

（10）以下选项中，不是 IPO 模式的一部分的是（　　）。

A. Input　　B. Output　　C. Program　　D. Process

2. 编程题

（1）从键盘输入存款金额和存款年限，按“金额 × (1+利率)^n”计算收益。其中，默认利率为 5.2%。

（2）完善上面的程序，当存款年限大于等于 3 年时，利率上浮 20%。

（3）交互输入三角形的两边长和夹角，计算第三边的边长。

参考答案

1. 选择题

C　C　B　B　C　　B　D　D　A　C

2. 编程题

(1)

```
num=eval(input("请输入存款金额: "))
years=eval(input("请输入存款年限: "))
rate=0.052
total=num*(1+rate)**years
print("最终收益为: ",total)
```

(2)

```
num=eval(input("请输入存款金额: "))
years=eval(input("请输入存款年限: "))
rate=0.052

if years>=3:
    rate=rate*(1+0.2)
total=num*(1+rate)**years
print("最终收益为: {:.2f}".format(total));
```

(3)

```
import math
data=input("请输入两边长及夹角, 用逗号分隔: ")
a,b,theta=data.split(",")
a=float(a)
b=float(b)
theta=float(theta)
c=math.sqrt(a**2+b**2-2*a*b*math.cos(theta*math.pi/180))
print(c)
```

第 2 章 Python 基础知识

2.1 本章内容概述

本章重点学习 Python 编程的基础知识，主要是 Python 的基本语法。通过本章的学习，读者能够正确运用不同类型的数据和运算符，编写符合规范的程序，掌握程序设计的基本思想。

本章是全国计算机等级考试二级 Python 的重点之一，内容与二级 Python 考试大纲一致。

1. Python 程序的书写规范

Python 通常是一行书写一条语句，如果一行内写了多条语句，语句之间要求使用分号分隔。如果一条语句过长，可以使用反斜线“\”来实现分行书写功能。在()、[]、{}内的跨行语句，也被视为一行语句。

代码块是用于实现一个相对完整的功能的多行代码，如 if、while 等语句以冒号（：）结束，该语句行之后缩进的一行或多行代码构成代码块。与其他一些程序设计语言，如 C 语言、Java 语言等使用大括号{ }表示代码块不同，Python 中的代码块使用缩进来表示，即要求同一个代码块的每行语句前必须包含相同的缩进空格数，一般为 4 个空格。

在程序中添加适当的注释是十分必要的。注释的主要目的是阐述代码要做什么，以及是如何做的。注释以自然语言对问题的解决方案加以描述，增加程序的可读性。Python 的注释分为单行注释和多行注释两种。单行注释以“#”开头，多行注释使用 3 个引号作为开始和结束符号。程序执行时，注释中的内容会被 Python 解释器忽略。

2. Python 的变量

变量是指向特定值的名称。变量一般用于在程序中临时存储数据。在程序中，可以随时修改变量的值，而且可以是不同类型的值，Python 始终记录变量的最新值。

变量的命名需要遵循 Python 的标识符命名规则，具体如下。

- 只能包含字母、数字和下画线，且不能以数字开头。
- 区分大小写，age 与 Age 是不同的变量。
- 不能使用 Python 保留的有特殊用途的关键字。
- 命名尽量符合见名知意的原则，从而提高代码的可读性。

另外，一般应使用小写的 Python 变量名；若变量名由多个单词构成，一般第一个单词小写，从第二个单词开始每个单词的首字母大写，即使用驼峰命名法。

变量在使用前必须赋值，变量在赋值后才会被创建。赋值运算符“=”用来给变量赋值或修改变量的值，赋值运算把“=”后面的表达式的值传递给前面的变量。

Python 中的变量在使用时不需要声明类型，变量的类型是由所赋值的类型决定的。

3. Python 的数据类型

计算机能处理各种各样的数据。将数据分成不同的类型，可以提高计算机处理的效率，节省存储空间。Python 的数据类型包括数值类型（number）、字符串类型（str）、列表类型（list）、元组类型（tuple）、字典类型（dict）等。其中，数值类型是 Python 的基本数据类型，包括整型（int）、浮点型（float）、复数类型（complex）和布尔类型（bool）。

整型数据可正可负，理论上没有取值范围的限制。整数有 4 种进制表示形式：二进制、八进制、十进制和十六进制，分别以 0b 或 0B（二进制）、0o 或 0O（八进制）、0x 或 0X（十六进制）开头，默认不带任何前缀的是十进制整数。

浮点型数据是指带有小数点及小数的数字。浮点数的取值范围和小数精度都存在限制，且浮点数运算存在不确定的尾数。读者可尝试输出 0.1+0.2 的结果，会发现并不是 0.3，而是如“0.30000000000000004”这样带有一串尾数的浮点数。因此浮点数的运算和比较一般可用 round() 函数进行四舍五入。浮点数可以采用科学记数法表示，如 5.6e–2 的值为 0.056，4.86e3 的值为 4860.0。

复数类型数据由实数和虚数构成，形式为 a+bj，其中 a 代表实数部分，b 代表虚数部分，实数与虚数部分都是浮点型。

布尔类型数据只有两个取值，分别为 True 和 False。布尔类型常在分支和循环结构中表示判断的结果。每个 Python 对象都自动具有布尔值，以整数为例，在 Python 中，**0 的布尔值为 False，非 0 整数的布尔值为 True**。进一步扩充，通常把一切空（0、空格、空序列）都看作 False，把一切非空（非 0、非空格、非空序列）都看作 True。

可以使用 type()函数测试不同数据的类型。

4. Python 的运算符

运算符是表示不同运算类型的符号，Python 的运算符可分为算术运算符（+、–、*、/、%、**、//）、比较运算符（>、<、>=、<=、==、!=）、逻辑运算符（and、or、not）和赋值运算符（=），还包括由算术运算符和赋值运算符构成的复合赋值运算符（+=、–=、*=、/=、%=、**=、//=），以及位运算符等。

Python 的赋值运算不仅可以为单一变量赋值，还可以为多个变量赋同一个值，或为不同变量赋不同的值。

Python 的变量由运算符连接构成了表达式。表达式中的运算符是有优先级的，计算表达式值时，按照运算符的优先级别由高到低的次序执行。可以使用括号“（）”限定运算次序，括号中的表达式优先计算。

不同的数据类型之间可以进行混合运算，但生成的结果类型与参与运算的数据中取值范围较大的数据类型一致，如整数+浮点数=浮点数。

5. 数值运算函数

Python 提供了一些函数用于完成数值运算。表 2-1 所示为一些常用的数值运算函数。

表 2-1　　数值运算函数

函　数	描　述	示　例
abs(x)	内置函数。返回 x 的绝对值	abs(–4.67)结果为 4.67
divmod(x,y)	内置函数。返回 x 除以 y 的商和余数	divmod(10,3)结果为(3,1)

续表

函　数	描　述	示　例
pow(x,y[,z])	内置函数。pow(x,y)返回 x 的 y 次幂的结果，pow(x,y,z)等价于 pow(x,y)%z	pow(2,3)结果为 8 pow(99,99,10000)结果为 9899
round(x[,d])	内置函数。返回 x 的四舍五入值，d 是保留的小数位数	round(−1.567)结果为−2 round(−1.567,2)结果为−1.57
int(x)	内置函数。将 x 变为整数，舍弃小数部分	int(123.4)结果为 123 int("·123")结果为 123
float(x)	内置函数。将 x 变为浮点数	float(45)结果为 45.0 float("45.6")结果为 45.6
math.ceil(x)	返回比 x 大的最小整数，使用前要用 import math 语句导入 math 模块	math.ceil(5.3)结果为 6 math.ceil(−5.3)结果为−5
math.floor(x)	返回比 x 小的最大整数，使用前要用 import math 语句导入 math 模块	math.floor(6.9)结果为 6 math.floor(−6.9)结果为−7

为了便于后续的程序设计，这里提前列出了一些常用的与数值运算相关的函数。函数在后面的章节中还会有详细的介绍。

2.2 典型例题分析

1. 分析下面各语句的输出结果。

```
01 >>>0.2+0.4==0.6
02 >>>round(0.2+0.4,1)==0.6
03 >>>0xAF
04 >>>9**0.5
05 >>>-10%-3
06 >>>-3**2
07 >>>4.0+3
08 >>>12 and 34
```

解析

01 行，结果为 False。因为浮点数运算存在不确定的尾数，0.2+0.4 的结果是 0.6000000000000001 这样的浮点数，故不等于 0.6。

02 行，结果为 True。利用 round()函数对 0.2+0.4 的计算结果四舍五入并保留 1 位小数，结果等于 0.6。这个方法可以有效解决 01 行代码中浮点数运算中不确定尾数的问题。

03 行，结果为 175。0x 开头表示这是一个十六进制的整数。

04 行，结果为 3.0。幂运算的指数如果是小数，表示根式运算。注意结果为浮点型数据。

05 行，结果为−1。

06 行，结果为−9。因为**（幂运算）的优先级高于−（负），因此先计算 3**2。

07 行，结果为 7.0。注意结果的数据类型为运算数据中取值范围较大的浮点型。

08 行，结果为 34。每个对象都有布尔值，非 0 整数的布尔值为 True，根据“与”运算的逻辑运算规则，运算对象均为 True，结果为 True，运算结果为 34。

对 08 行的扩展解释：a and b 这种表达式，如果 a、b 均为 True，则表达式值为 b；在 a or b 表达式中，如果 a、b 均为 True，则表达式值为 a。例如下列程序。

```
>>> a=-1       # a 为真值 True
>>> b=10       # b 为真值 True
>>> a and b
10
>>> a or b
-1
```

2. 下面程序的功能是，利用公式 $C=5\times(F-32)\div 9$（其中 C 表示摄氏温度，F 表示华氏温度），进行温度类型转换。程序运行时，输入一个浮点数，表示华氏温度；输出对应的摄氏温度，要求精确到小数点后 5 位。阅读下面的代码，解析程序。

```
01 #code0202.py
02 tempf=float(input("请输入华氏温度："))
03 tempc=5*(tempf-32)/9     #根据公式计算摄氏温度
04 print("对应的摄氏温度为：%.5f"%tempc)
```

解析

（1）程序的第 1 行和第 3 行“#”后为注释行，单行注释以“#”开头，可以是独立的 1 行，也可以附在语句的后部。

（2）程序中的 tempc 和 tempf 为变量，用来保存程序中的数据，其值可以变化，变量名需要遵循 Python 标识符的命名规则。“=”为赋值运算符，用来给变量赋值。程序的第 2 行使用 input() 函数接收用户输入，并使用 float()函数将输入的字符串形式的数据转换为浮点数，然后将浮点型的华氏温度赋值给变量 tempf。

（3）程序的第 3 行根据公式计算摄氏温度，利用算术运算符“*”和“/”构建了一个表达式用于计算，并利用括号设定运算顺序。运算符默认按照其优先级进行运算。计算的结果赋值给变量 tempc。

（4）程序的第 4 行使用 print()函数输出计算所得的摄氏温度，其中的“%.5f”为字符串格式化操作符，它的作用是作为一个浮点数的占位符，输出时将用 tempc 的值（保留 5 位小数）替换对应的占位符。字符串格式化也可以用 str.format()函数来实现，因此程序的第 4 行也可写作以下形式。

```
print("对应的摄氏温度为：{:.5f}".format(tempc))
```

3. 阅读下面的程序，分析程序的功能。

```
01 #code0203.py
02 val=int(input("请输入一个 3 位整数："))
03 a=val//100
04 b=val//10%10
05 c=val%10
06 print("倒序输出为：",c,b,a)
```

解析

（1）程序的功能是将一个 3 位数反向输出，如输入 001，输出 100。

（2）程序的第 2 行输入一个 3 位数，采用 int()函数将输入的字符串转换为整型数据。

（3）程序的第 3、4、5 行分别计算出 3 位数的百位、十位、个位上的数符，并赋值给相应的变量。其中“//”是整除运算符，“%”是求余运算符。

（4）利用算术运算符分离一个多位数的各个数位有多种方法，如下面代码所示的方法也是一种可行的方法。

```
a=val//100
b=val%100//10
c=val%10
```

（5）程序的第 6 行将 3 个数位上的数符倒序输出，print()函数中的“,”是输出对象的分隔符。

4. 下面程序的功能是，输入一元二次方程 $ax^2+bx+c=0$ 的参数 a、b、c，计算并输出方程的实数根（结果保留两位小数）。若方程没有实数根，输出“方程没有实数根”。解析下列程序。

```
01 #code0204.py
02 import math
03 a=eval(input("请输入参数 a: "))
04 b=eval(input("请输入参数 b: "))
05 c=eval(input("请输入参数 c: "))
06 p=b*b-4*a*c
07 if p>0:
08     x1=(-b+math.sqrt(p))/(2*a)
09     x2=(-b-math.sqrt(p))/(2*a)
10     print("方程有两个实数根: {:.2f}和{:.2f}".format(x1,x2))
11 elif p==0:
12     x=-b/(2*a)
13     print("方程有一个实数根: {:.2f}".format(x))
14 else:
15     print("方程没有实数根")
```

解析

（1）程序第 7～15 行利用 if…elif…else 语句实现了程序的分支结构。根据 if 后面的逻辑表达式的值判断程序的走向。第 7 行和第 11 行 if、elif 后面的逻辑表达式为判断条件，表达式的值为布尔值 True 或 False，若表达式的值为 True，则执行 if 分支的代码块；否则执行 else 分支的代码块。程序首先判断表达式 p>0 的值，若为 True，则计算方程的两个实数根并输出；否则判断 p==0，若为 True，计算方程的唯一实数根并输出，否则方程没有实数根。

（2）程序第 11 行“==”为比较运算符，用于比较数据是否相等，运算结果为布尔值。要把比较运算符“==”与赋值运算符“=”区分开。

（3）程序第 2 行使用 import 导入 math 模块，使得第 8、9 行可以使用 math.sqrt(p)计算 p 的平方根。

（4）Python 的变量类型由所赋值的类型决定。本程序中变量 a、b、c、p 的数据类型为整型，x1、x2、x 的数据类型为浮点型，而表达式 p>0、p==0 的值为布尔型。

（5）表达式中的运算符是存在优先级的，计算表达式的值时，会按运算符的优先级别由高到低的次序执行。程序的第 8、9、12 行采用括号显式地说明了运算次序。

5. 下面的程序将两个变量的值互换。即若 x 的值为 3，y 的值为 4，互换后 x 的值为 4，y 的值为 3。阅读下面的代码，解析程序。

```
#code0205.py
x=eval(input("请输入 x 的值: "))
y=eval(input("请输入 y 的值: "))
```

```
04 print("输入值: x=",x,"y=",y)
05 t=x
06 x=y
07 y=t
08 print("互换后: x=",x,"y=",y)
```

解析

（1）程序的第 5、6、7 行完成了通用的两数互换算法。首先 t=x 语句将 x 的值存于临时变量 t 中，然后 x=y 语句将 y 的值赋予 x，最后 y=t 语句将 t 中保存的 x 的原始值赋予 y，从而实现 x 和 y 中数值的互换。请读者仔细阅读程序，体会程序设计中赋值运算的意义。

（2）Python 中的赋值方法很灵活，下面的代码可以十分简单地实现两数的互换。其中的第 5 行采用同步赋值语句实现了两数互换。

```
01 #code02052.py
02 x=eval(input("请输入 x 的值: "))
03 y=eval(input("请输入 y 的值: "))
04 print("输入值: x=",x,"y=",y)
05 x,y=y,x    #同步赋值语句实现两数互换
06 print("互换后: x=",x,"y=",y)
```

6．编写程序，输入一个自然数，输出它的二进制、八进制、十六进制表示形式。

在 Python 文档（在 IDLE 中按 F1 键）的标准库中找到内置函数，再在其中找到 bin()、oct()、hex()等 3 个用于数制转换的函数，如图 2-1 所示。

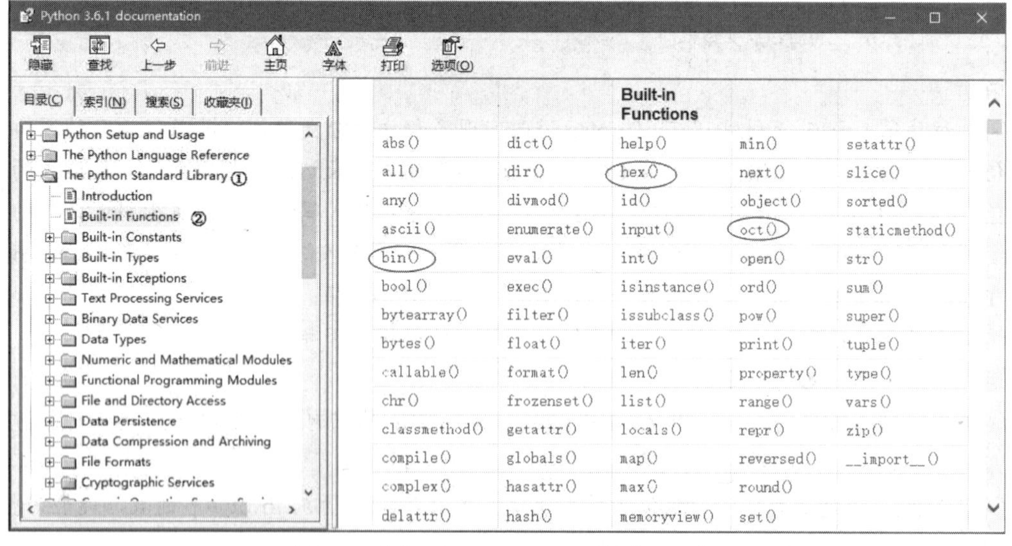

图 2-1　查找 bin()、oct()、hex()等内置函数

程序代码如下。

```
# code0206.py
num=int(input("请输入一个自然数: "))
print('二进制数: ',bin(num))
print('八进制数: ',oct(num))
print('十六进制数: ',hex(num))
```

2.3　问题与思考

1. 简述 Python 标识符的命名规则。
2. Python 的赋值运算有哪些形式？举例说明。
3. 简述逻辑运算符的运算规则。

解答

1. Python 标识符的命名规则要求：标识符只能包含字母、数字和下画线，且不能以数字开头；标识符区分大小写，没有长度限制；标识符不能使用 Python 关键字。

2. Python 的赋值运算形式有 3 种情况，如下。

- 为一个变量赋值，如 score=89.5。
- 为多个变量赋同一个值，如 x=y=z="hello"。
- 为多个变量赋多个不同值，如 x,y,z=3,4,5。

另外复合赋值运算符+=、-=、*=、/=、%=、//=等可以实现变量的增量运算，例如下列程序。

```
x=10
x*=2           #等价于 x=x*2
print(x)       #输出 20
x//=3          #等价于 x=x//3
print(x)       #输出 6
```

3. 逻辑运算符包括 and、or、not，分别表示逻辑与、逻辑或、逻辑非，运算结果为布尔值 True 或 False。

x and y：当 x 和 y 有一个为 False，运算结果为 False。

x or y：当 x 和 y 有一个为 True，运算结果为 True。

not x：若 x 为 True，运算结果为 False；若 x 为 False，运算结果为 True。

```
>>> age=32
>>> salary=8000
>>> age<=30 and salary>=5000
False          #age<=30 为 False，and 运算的结果为 False
>>> age<=30 or salary>=5000
True           #salary>=5000 为 True，or 运算结果为 True
>>> not age>=30
False          #age>=30 为 True，not 运算结果为 False
```

2.4　习题与解答

1. 选择题

（1）以下选项中，不符合 Python 变量命名规则的是（　　）。

A. keyword33_　　B. 33_keyword　　C. _33keyword　　D. keyword_33

（2）以下选项中，不是 Python 合法标识符的是（　　）。

A. _name_　　B. c10m　　C. int32　　D. pass

（3）以下选项中，不是 Python 关键字的是（　　）。

A. while　　B. continue　　C. goto　　D. for

（4）关于 Python 的浮点数类型，以下选项中描述**错误**的是（　　）。

A. 浮点数类型表示带有小数的类型

B. Python 语言要求所有浮点数必须带有小数部分

C. 小数部分不可以为 0

D. 浮点数与数学中实数的概念一致

（5）关于 Python 数值操作符，以下选项中描述**错误**的是（　　）。

A. x//y 表示 x 与 y 之整数商，即不大于 x 与 y 之商的最大整数

B. x**y 表示 x 的 y 次幂，其中 y 必须是整数

C. x%y 表示 x 与 y 之商的余数，也称为模运算

D. x/y 表示 x 与 y 之商

（6）表达式 16/4-2**5*8/4%5/2 的值为（　　）。

A. 14　　B. 4　　C. 2　　D. 2.0

（7）下面代码的执行结果是（　　）。

```
>>> x = 2
>>>x *= 3+5**2
>>>print(x)
```

A. 15　　B. 56　　C. 8192　　D.13

（8）执行下列语句，输出的结果是（　　）。

```
>>>x = 7.0
>>>y = 5
>>>print(x % y)
```

A. 2.0　　B. 2　　C. 1.0　　D. 1

（9）Python 表达式中，可以控制运算优先顺序的是（　　）。

A. 圆括号()　　B. 尖括号<>　　C. 方括号[]　　D. 大括号{}

（10）关于 Python 中的复数，下列说法**错误**的是（　　）。

A. complex(x)会返回以 x 为实部，虚部为 0 的复数

B. 实部和虚部都是浮点数

C. 表示复数的语法是 real+imagej

D. 虚部必须有后缀 j，且必须是小写

（11）和 not (x or y)语句等价的是（　　）。

A. not x and not y　　B. not x or not y　　C. not x or y　　D. not x and y

（12）下列语句的输出结果是（　　）。

```
>>>123 or 456
```

A. 123　　B. 456　　C. True　　D. False

（13）下列表达式的值为 True 的是（　　）。

A. 3>2>2　　B. 1 and 5==0　　C. 1 or True　　D. 2!=5 or 0

（14）与关系表达式 x==0 等价的表达式是（　　）。

A. x!=1　　B. x=0　　C. not x　　D. x

（15）下列表达式中，值不是 1 的是（　　）。

A. 1 or True　　B. 1 and True　　C. 4//3　　D. 15%2

（16）当键盘输入“3”的时候，以下程序的输出结果是（　　）。

```
>>>r = input("请输入半径：")
>>>ar = 3.1415 * r *r
>>>print("{:.0f}".format(ar))
```

A. 28　　B. 28.27　　C. 29　　D. Type Error

（17）下面代码的输出结果是（　　）。

```
>>>x = 12.34
>>>print(type(x))
```

A. <class 'int'>　　B. <class 'float'>　　C. <class 'bool'>　　D. <class 'complex'>

（18）关于赋值语句，以下选项中描述**错误**的是（　　）。

A. 在 Python 中，有一种赋值语句，可以同时给多个变量赋值

B. 设 x = "alice"; y = "kate"，执行 x,y = y,x 可以实现变量 x 和 y 值的互换

C. 设 a = 10; b = 20，执行 a,b = a,a + b; print(a,b)和 a = b; b = a + b; print(a,b) 之后，得到同样的输出结果：10 30

D. 在 Python 中，“=”表示赋值，即将“=”右侧的计算结果赋值给左侧变量，包含“=”的语句称为赋值语句

（19）表达式−5//3 的结果是（　　）。

A. −1　　B. −2　　C. −1.666666　　D. −1.666667

（20）以下关于数值运算符的描述中，**错误**的选项是（　　）。

A. Python 提供了+、−、*、/等基本的数值运算符

B. Python 数值运算符也叫作内置操作符

C. Python 二元数学运算符都有与之对应的增强赋值运算符

D. Python 数值运算符需要引用第三方库 math

2. 编程题

（1）给出一个等差数列的前两项 a_1 和 a_2（a_1、a_2 均为整数），求第 n 项的值。

（2）已知线段的两个端点的坐标 $A(xa, ya)$，$B(xb, yb)$，求线段 AB 的长度。输入两个端点的坐标，输出线段的长度（保留 3 位小数）。

（3）输入一个秒数（非负整数），折合成小时、分、秒输出。

（4）输入一个不超过 5 位的整数，输出其是几位数，并将该数倒序输出。

（5）输入一个整数，输出其是奇数还是偶数。

（6）若三角形 3 条边长分别为 a、b、c，a 和 b 之间的夹角为 m，则有 $c^2=a^2+b^2-2\times a\times b\times\cos(m)$。编写程序，输入三角形的边长 a、b、c，计算夹角 m 的度数（保留 1 位小数）。

（7）大象喝水问题。一只大象口渴了，要喝 20 升水才能解渴，但现在只有一个深 h 厘米，底面半径为 r 厘米的小圆桶（h 和 r 都是整数）。问大象至少要喝多少桶水才会解渴?

输入两个整数，分别表示小圆桶的深 h 和底面半径 r，单位都是厘米。输出一个整数，表示大象至少要喝水的桶数。

如果一个圆桶的深为 h 厘米，底面半径为 r 厘米，那么它的体积为 Pi×r×r×h 立方厘米（Pi=3.14，1 升=1000 毫升，1 毫升= 1 立方厘米）。

（8）在 Python 交互模式下计算，从今天开始（假设是星期五），100 天后是星期几？共经过多少个完整周？

参 考 答 案

1. 选择题

B D C C B D B A A D

A A D C B D B C B D

2. 编程题

（1）

```
a1=int(input("请输入等差数列的第一项: "))
a2=int(input("请输入等差数列的第二项: "))
n=int(input("请输入 n 以计算第 n 项的值: "))
d=a2-a1
an=a1+(n-1)*d
print("该等差数列第%d 项的值为%d"%(n,an))          #"%d"为整数的格式化操作符
```

（2）

```
import math
xa=eval(input("请输入 A 点的横坐标:"))
ya=eval(input("请输入 A 点的纵坐标:"))
xb=eval(input("请输入 B 点的横坐标:"))
yb=eval(input("请输入 B 点的纵坐标:"))
length=math.sqrt(pow(xa-xb,2)+pow(ya-yb,2))  #pow()函数实现幂运算
print("线段 AB 的长度为%.3f"%length)
```

（3）

```
x=int(input("请输入一个秒数: "))
h=x//3600
x-=h*3600
m=x//60
x-=m*60
s=x
print("折合成%d 小时%d 分%d 秒"%(h,m,s))
```

（4）

```
x=int(input("请输入一个整数: "))
#分离出每个数位上的数字
a=x//10000
b=x%10000//1000
```

```
c=x%1000//100
d=x%100//10
e=x%10

if a!=0:
   print("5 位数: ",e,d,c,b,a)
elif b!=0:
   print("4 位数: ",e,d,c,b)
elif c!=0:
   print("3 位数: ",e,d,c)
elif d!=0:
   print("2 位数: ",e,d)
else:
   print("1 位数: ",e)
```

（5）

```
val=int(input("请输入一个整数: "))
if val%2==0:                #val 模 2 的余数为零，表示 val 能被 2 整除
   print("该数为偶数")
else:
   print("该数为奇数")
```

（6）

```
import math
a=eval(input("请输入 a 边长:"))
b=eval(input("请输入 b 边长: "))
c=eval(input("请输入 c 边长: "))
t=(a*a+b*b-c*c)/(2*a*b)
m=math.degrees(math.acos(t)) #用反余弦函数 acos()得出弧度制，degrees()函数转换为角度
print("夹角 m 的度数为: {:.2f}".format(m))
```

（7）

```
r=eval(input("请输入桶的底面半径"))
h=eval(input("请输入桶的高"))
v=3.14*pow(r,2)*h/1000        #计算水桶的体积
if 20/v==20//v:               #如果桶数为整数
   amount=20/v
else:
   amount=20//v+1             #若桶数不是整数，将桶数的整数值加 1
#也可以直接用 amount=math.ceil(20/v)，利用 ceil()取整函数计算桶数的整数值
print("大象需要喝{:.0f}桶水".format(amount))
```

（8）

```
>>> today=4     #从 0 开始计，today=4 表示星期五
>>> weekday=(100+today)%7
>>> print('100 天之后是星期',weekday+1)
100 天之后是星期天
>>> print('完整的周数是',100//7)
完整的周数是 14
```

第 3 章 Python 中的字符串

3.1 本章内容概述

本章重点学习 Python 字符串的表示、解析和处理方法。通过本章的学习，读者能够正确使用索引和切片来访问字符串中的字符，掌握常用的字符串操作函数。

本章是全国计算机等级考试二级 Python 的重点之一，内容与二级 Python 考试大纲一致。

1. 字符串的表示及格式化

Python 字符串的表示可以分为两类，共 4 种方法。一类是由一对单引号或双引号表示单行字符串；另一类是用一对三单引号或三双引号来表示，可以表示多行字符串。

转义字符可表达特殊字符的本意，如在一个用双引号表示的字符串中，\"将用来表示一个可输出的双引号。转义字符还可用来表示不可输出的含义，如\n 表示换行，\b 表示退格等。

格式化是对字符串进行格式表达的方式。Python 支持两种字符串格式化方法。

一种是采用 str.format()方法。str 是模板字符串，其中可包括多个用{}表示的占位符，而 format()方法中的参数将与这些占位符进行匹配。模板字符串 str 的{}内部可以使用{<参数序号>:<格式控制标记>}的方式来对关联参数的输出格式进行控制，格式控制标记的语法格式如下。

```
[[fill]align][sign][width][,][.precision][type]
```

其中 type 表示格式化类型，包括用于格式化整数的 b、c、d、o、x、X，用于格式化浮点数的 e、E、f、F。

另一种格式化字符串的方法是采用%操作符。使用%操作符格式化字符串的模板格式如下。

```
%[(name)][flags][width].[precision]typecode
```

其中 typecode 为格式控制符，包括 c、s、d、f、e，分别用来格式化字符及其 ASCⅡ、字符串、整数、浮点数和科学记数法表示的浮点数。

2. 字符串操作符及内置处理函数

Python 提供了字符串操作符和丰富的字符串处理函数。字符串操作符包括+（字符串连接）、*（重复输出字符串）、[i]（通过索引获取字符串中的字符）、[:]（截取字符串中的一部分）、in/not in（成员运算符）等。

Python 的字符串处理方法简化了字符串的操作，熟练应用这些方法十分重要，读者可查阅相应资料获取相关方法的功能和语法格式。Python 多采用“str.方法名()”的调用形式，也有如 max(str)、 len(str)这样的调用形式。

3. 输入和输出语句

根据程序设计的 IPO 模式，获取用户输入，将结果输出，是程序和用户交互的重要手段。Python 的输入和输出数据的来源有多种，包括控制台、图形用户界面、文件和网络等。Python 使用 input()函数进行控制台输入，但要注意的是，通过 input()函数获取的用户输入的数据都是字符串类型。如果需要转换成整数或浮点数，可以使用 int()函数和 float()函数，也可使用 eval()函数。eval()函数可以去掉 input()函数获取的用户输入的字符串两端的引号，使之转换为对应类型的数据。

print()函数用于输出结果，可以使用字符串格式化方法控制输出格式。

3.2　典型例题分析

1. 使用一条 print()语句在不同行分别输出 He is called“Tom”的每个单词。

方法一如下。

```
>>> print('''He
is
called
"Tom"''')
```

方法二如下。

```
>>> print("He\nis\ncalled\n\"Tom\"")
```

解析

（1）方法一：Python 中的三引号允许一个字符串跨行，字符串为“所见即所得”的格式，使得输出更为灵活。

（2）方法二：采用传统的转义字符，其中\n 是换行的转义字符，\"表示可输出的双引号。

2. 分析下面语句的输出结果。

```
01 >>> '\x61'
02 >>> '\x62'
03 >>> a=10
04 >>> c=20
05 >>> print('\141+\x63=',a+c)
a+c= 30
```

解析

（1）01 行和 02 行中\xhh 形式的转义字符是以十六进制表示的 ASCII 对应的字符，所以 01 行输出“a”，02 行输出“b”。

（2）05 行输入语句中\ooo 形式的转义字符是以八进制表示的 ASCII 对应的字符，索引\141 是小写字母 a 的 ASCII，\x63 是以十六进制表示的小写字母 c 的 ASCII。05 行输出 a+c=30。

再次强调，转义字符\ooo 是以八进制表示的 ASCII 对应的字符；\xhh 是以十六进制表示的 ASCII 对应的字符。

3. 阅读下面的语句，分析其功能。

```
>>> first_name="chris"
>>> last_name="Wilson"
>>> full_name=first_name+" "+last_name
>>> print("Hello, "+full_name.title()+"!"+" "*3+"Nice to meet you.")
```

```
    Hello, Chris Wilson!   Nice to meet you.
05  >>> language="python"
06  >>> print(language.upper())
    PYTHON
07  >>> print(language)
    python
08  >>> product_num="201906C15M"
09  >>> print(product_num[6])
    C
10  >>> print(product_num[-1])
    M
11  >>> print(product_num[4:6])
    06
12  >>> print(product_num[:4])
    2019
13  >>> print(product_num[-3:-1])
    15
14 >>> print('m' in product_num)
False
```

解析

（1）03 行，运算符“+”将变量 first_name、一个空格和变量 last_name 连接成一个字符串，赋值给变量 full_name。

（2）04 行，title()方法返回标题化的字符串，即所有单词均以大写字母开头，其余字母为小写。" "*3 是将空格重复 3 次，即输出 3 个空格。

（3）06 行，upper()方法是将字符串的所有字符大写。

（4）07 行，字符串变量调用函数后，字符串本身的值并不会发生变化。

（5）08 行，变量 product_num 为一个商品代码，其中的前 6 位是产品的生产年月，字符 C 表示产品材质，15 为产品的序列号，最后一位表示产品的产地。

（6）09 行，输出产品的材质代码。10 行，输出产品的产地代码。两者均采用了 str[i]的切片方式获取字符。

（7）11 行，输出产品的生产月份。12 行，输出产品的生产年份。13 行，输出产品的序列号。它们均采用了 str[:]的切片方式截取字符串的一部分。

（8）14 行，由于字符串 product_num 中不包含小写 m，所以输出 False。

4. 阅读下面的语句，分析其功能。

```
>>> s1=" my python program "
>>> s2=s1.strip()
>>> print(s2)
my python program
>>> print(len(s1),len(s2))
19 17
>>> s2.upper()
'MY PYTHON PROGRAM'
>>> print(s2.find("python"),s2.find("Python"))
3 -1
>>> s3=s2.replace(' ',',')
>>> print(s3)
my,python,program
>>> ls=s3.split(',')
>>> print(ls)
```

```
   ['my', 'python', 'program']
11 >>> s4=ls[1]
12 >>> print(s4)
   python
13 >>> print(s4[::-1])
   nohtyp
```

解析

（1）02 行，strip()方法去掉字符串的首尾空格。04 行，内置函数 len()返回字符串的长度。因为 s2 是去掉 s1 首尾空格后的结果，所以 s1 的长度比 s2 大 2。

（2）05 行，upper()方法将字符串转换为大写，函数的调用不会改变字符串的值，因此 s2 的值不变。

（3）06 行，s2.find("python")方法检测字符串 s2 是否包含"python"，如果是，返回开始的索引值；否则返回–1。

（4）07 行，s2.replace(' ',',')是字符串替换方法，将空格替换为逗号。

（5）09 行，s3.split(',')方法以逗号为分隔符，对字符串 s3 进行切片，返回值为包含 3 个元素的字符串列表。11 行，ls[1]表示列表中索引为 1 的元素，索引从 0 开始，索引 1 的元素是列表中的第二个元素。

（6）13 行，s4[::–1]的作用是对整个字符串按照步长-1 进行切片，即将字符串翻转。

5. 阅读下面的语句，理解字符串格式化方法。

```
01 >>> name="Evan"
02 >>> money=45.7803
03 >>> number=10
04 >>> print("%10s paid $%-6.1f for %d apples."%(name,money,number))
         Evan paid $45.8   for 10 apples.
05 >>> print("{0:*^10} paid ${1:<6.1f} for {2:d} apples".format(name,money,number))
   ***Evan*** paid $45.8   for 10 apples
```

解析

（1）04 行，采用格式化操作符%对输出字符串进行格式化，用法是将跟在字符串后面的%后的值插入对应的有格式控制符的字符串中。其中格式控制符%s 用来格式化字符串；%f 用来格式化浮点数，可指定小数点后的精度；%d 用来格式化十进制整数。例如，%-6.1f 对变量 money 进行格式化，6 为宽度，.1 为小数位数，-表示左对齐。

（2）05 行，采用 str.format()方法对输出字符串进行格式化。模板字符串 str 中可包括多个用{}表示的占位符，与 format()方法中的对应参数进行匹配。模板字符串的{}内部可以使用{<参数序号>: <格式控制标记>}的方式来对关联参数的输出格式进行控制。例如，{0:*^10}中，0 为参数序号，10 为宽度，*为填充字符，^表示居中对齐。

6. 下面是一个温度转换的程序，将用户输入的华氏温度转换为摄氏温度，或将输入的摄氏温度转换为华氏温度。温度转换算法如下（C 表示摄氏度、F 表示华氏度）：

C = (F – 32) / 1.8

F = C * 1.8 + 32

要求输入或输出的摄氏温度以字母 C 开头、华氏温度以字母 F 开头，温度可以是整数或小数，例如，C12.34 指 12.34 摄氏度，F87.65 指 87.65 华氏度，不考虑输入异常的情况，输出保留小数点后两位数字。

```
#code0306.py
temperature=input("请输入温度(C 开头为摄氏度，F 开头为华氏度)：")
```

```
03 if temperature[0]=='F' or temperature[0]=='f':
04     c=(float(temperature[1:])-32)/1.8
05     print("输入的华氏度转换为摄氏度为 C{:.2f}".format(c))
06 else:
07     f=float(temperature[1:])*1.8+32
08     print("输入的摄氏度转换为华氏度为 F{:.2f}".format(f))
```

解析

（1）03 行，temperature[0]取得 temperature 的第一个字符，判断其是否为大写字母 F 或小写字母 f。

（2）04 行，temperature[1:])取得 temperature 第二个到最后一个字符，即温度值，并使用 float()函数将其转换为浮点型数据。

（3）04 行和 07 行，使用转换公式对温度进行转换。

（4）05 行和 08 行，print()语句中使用模板字符串{:.2f}对输出结果保留两位小数。

7. 解析下面的程序，统计一首诗歌中的如下数据。

（1）有多少个字符（包括空格和换行符）？（2）判断是否以 Rain 开头？（3）判断是否以 sea.结尾？（4）第一次和最后一次出现单词 on 的位置（偏移量）。（5）on 出现的次数？（6）判断诗中的字符是否包含数字？

```
#code0307.py
poem="Rain is falling all around.\nIt falls on field and tree.\nIt rains on the umbrella here.\nand on the ships at sea."
print(poem)
print("这首诗共有："+str(len(poem))+"个字符")
print("这首诗是否以 Rain 开头：",poem.startswith("Rain"))
print("这首诗是否以 sea.结尾：",poem.endswith("sea."))
print("第一次出现 on 的位置：",poem.find("on"))
print("最后一次出现 on 的位置：",poem.rfind("on"))
print("on 在诗中出现的次数：",poem.count("on"))
print("诗中是否出现了数字：",poem.isdigit())
```

解析

（1）len(str)函数返回字符串 str 的长度，即字符的个数。

（2）str.startswith(obj)方法和 str.endswith(obj)方法检查字符串 str 是否以 obj 开头或结尾，返回布尔值。

（3）str.find(obj)方法检查 obj 是否在 str 中，如果是，返回开始的索引值；否则返回−1。str.rfind(obj)方法类似于 find()，但从右侧开始查找，即返回 obj 在 str 中最后一次出现的位置。

（4）str.count(obj)方法统计 obj 在 str 中出现的次数。

（5）str.isdigit()方法检查字符串 str 中是否有数字字符，返回布尔值。

8. 编写程序，输入一个字符串，将其中的特定字符全部用给定的字符替换。

```
#code0308.py
str_input=input("请输入待替换的字符串，需要被替换的字符，以及用于替换的字符（3 个字符串以空格分隔）：")
lst=str_input.split()
s=lst[0]
fromChar=lst[1]
toChar=lst[2]
for ch in s:
```

```
08      if ch==fromChar:
09          s=s.replace(fromChar,toChar)
10  print(s)
```

解析

（1）03 行，split()方法对字符串按照给定的分隔字符进行切片，若没有指定分隔字符，默认用空格作为分隔字符。返回值为字符串列表，列表中的 3 个字符串分别为待替换的字符串、需要被替换的字符、用于替换的字符。

（2）07 行，for…in 为字符串遍历循环，其中 ch 依次取得字符串 s 中的每个字符，并执行一次循环体。08 行，循环体判断如果 ch 为待替换的字符串，则 09 行采用 replace()方法将其替换。

（3）09 行，执行 s.replace()方法后，字符串 s 本身并不发生改变。如果需要保存对字符串所做的修改，需要将函数的执行结果赋值给字符串本身。

9. 给定一个只包括字符和空格的句子，将句子中的单词的位置反转后输出。输入的句子占一行，各个单词之间以空格分隔。例如，输入 this is a test，输出 test a is this。

```
01 #code0309.py
02 s=input("请输入句子，单词之间以空格分隔：")
03 a=s.split()
04 a=a[::-1]
05 print(" ".join(a))
```

解析

（1）本例采用的方法是将输入的字符串用 split()方法分隔，转换为列表，将列表反转后再生成字符串。

（2）03 行，s.split()方法以空格为默认分隔符，将输入的句子 s 转换为列表 a，a 的每个元素为句子中的一个单词。

（3）04 行，代码 a[::-1]将列表反转。

（4）05 行，代码 " ".join(a)的功能是以空格为分隔符，将列表 a 中的所有元素合并为一个新的字符串。

3.3　问题与思考

1. 简述字符串格式化的方法。

2. Python 3 的 print()函数包括哪些可选参数？功能是什么？

解答

1. Python 字符串格式化有两种方法，一种是采用格式化操作符“%”，另一种是采用字符串的 format()函数。格式化操作符“%”使用格式化符号对相应的值进行格式化操作，并插入字符串的相应位置。常用的格式化符号有%s（格式化字符串）、%d（格式化整数）、%f（格式化浮点数）等。str.format()函数，其基本语法是通过“{}”和“:”来作为对应值的格式化占位符。format()函数有着丰富的参数，增强了字符串格式化的功能。

2. Python 3 中的 print()函数用于完成基本的输出操作，基本格式如下：

```
print([objl,…][,sep=' '][,end='\n'][,file=sys.stdout])
```

其中，sep 参数用于指定输出对象的分隔符号；end 参数用于指定输出结尾的符号；file 参数用于指定输出到特定文件。print()函数的所有参数均是可选参数。

3.4　习题与解答

1. 选择题

（1）以下关于 Python 字符串的描述中，**错误的是**（　　）。

A. 空字符串可以表示为""（两个双引号）或''（两个单引号）

B. 在 Python 字符串中，可以混合使用正整数和负整数进行索引和切片

C. 字符串'my\\text.dat'中第一个\表示转义字符

D. Python 字符串采用[N:M]格式进行切片，获取字符串从索引 N 到 M 的子字符串（包含 N 和 M）

（2）以下代码的输出结果是（　　）。

```
>>>x = 'A\0B\0C'
>>>print(len(x))
```

A. 5　　B. 3　　C. 7　　D. 6

（3）以下代码的输出结果是（　　）。

```
>>>print('a'<'b'<'c')
```

A. True　　B. False　　C. print('a'<'b'<'c')　　D. SyntaxError

（4）字符串 s="hello world"，若要将其中的空格去掉，应使用的代码是（　　）。

A. s.lstrip()　　B. s.rstrip()　　C. s.strip()　　D.s.replace(" ","")

（5）下列关于字符串的说法中，**错误的是**（　　）。

A. 一个汉字可以视为长度为 1 的字符串

B. 字符串以\0 标志字符串的结束

C. 既可以用单引号，也可以用双引号创建字符串

D. 在三引号字符串中可以包含换行回车等特殊字符

（6）以下代码的输出结果是（　　）。

```
>>>a="3"
>>>b=2
>>>print(a+b)
```

A. 5　　B. 32　　C. 33　　D. 产生异常

（7）以下代码的输出结果是（　　）。

```
>>>a="abcdefgh"
>>> print(a[::-2])
```

A. aceg　　B. hfdb　　C. abcdef　　D. ab

（8）下列字符串操作的函数或运算符中，运算结果**不是**布尔型的是（　　）。

A. isdigit()　　B. endswith()　　C. find()　　D. not in

（9）以下代码的输出结果是（　　）。

```
>>> s1 = "Beijing University"
>>> s2 = s1[:7] + " Normal " + s1[-10:]
```

```
>>> print(s2)
```

A. Normal U　　B. Nanjing Normal

C. Normal University　　D. Beijing Normal University

（10）下面程序的运行结果是（　　）。

```
machine=["电视机","电冰箱","洗衣机","热水器","电风扇","空调"]
for s in machine:
    if "电" in s:
        print(s,end=" ")
```

A. 电视机　　B. 电视机电冰箱电风扇

C. 电视机 电冰箱 电风扇　　D. 没有输出

（11）表达式 print("{:.2f}".format(20−2**3+10/3**2*5))的结果是（　　）。

A. 17.55　　B. 67.56　　C. 12.22　　D. 17.56

（12）语句 print(len('\x48\x41!'))的执行结果是（　　）。

A. 9　　B. 6　　C. 5　　D. 3

（13）语句 print('\x41\x43?')的执行结果是（　　）。

A. \x41\x43?　　B. 4143?　　C. 4143　　D. AC!

（14）要将 3.1415926 格式化为 00003.14，下面代码中正确的是（　　）。

A. print("%8.2f"%3.1415926)　　B. print("%08.2f"%3.1415926)

C. print("%.2f"%3.1415926)　　D. print("%0.2f"%3.1415926)

（15）下面选项中，**不属于**字符串的编码标准的是（　　）。

A. ASCII　　B. UTF-8　　C. Unicode　　D. ANSI

2. 编程题

（1）输入一个任意长度的正整数，将其倒序输出。

（2）利用 Python 转义字符中的制表符\t，将 3 名同学的学号、姓名，以及语文、数学、英语等 3 科成绩，按对齐表格的形式输出，每名同学占一行。

（3）给定月份描述的英文简写如下：

```
months="Jan.Feb.Mar.Apr.May.Jun.Jul.Aug.Sep.Oct.Nov.Dec."
```

利用字符串切片操作，输入一个月份的数字，输出月份的缩写。例如，输入 3，输出 Mar.。

（4）按照 1 美元=6 元人民币的汇率来编写一个美元与人民币的双向兑换程序。输入形式如 100$或 100￥。以$结尾表示美元，将其转换为人民币。以￥结尾表示人民币，将其转换为美元。输出结果保留 2 位小数。

（5）编写一个密码验证程序。密码验证是很多应用软件必要的功能，为了给用户提供容错性良好的输入环境，本题设定，如果输入数据首尾包含空格，则忽略空格后再进行密码验证，且验证密码时不区分大小写。程序中的密码为“abc123”，输入“ABc123”“abc123”均认为密码正确，否则认为密码错误。

（6）输入一个字符串表示某员工一周 5 天的出勤情况，其中 A 表示缺勤，L 表示迟到，P 表示出勤，如果不大于一次缺勤且不超过两次迟到，输出“合格”；否则输出“不合格”。例如，输入“APPPL”，输出“合格”。

（7）输入一个字符，用它构造一个底边长为 5 个字符，高为 3 个字符的等腰字符三角形。

参 考 答 案

1. 选择题

D A A D B D B C D C

D D D B D

2. 编程题

（1）

```
x=input("请输入一个正整数：")
print("倒序输出的结果是{}".format(x[::-1]))
```

（2）

```
print("学号\t 姓名\t 语文\t 数学\t 英语")
print("09001\t 马丽\t90\t88\t95")
print("09002\t 唐牟\t83\t100\t76")
print("09003\t 鲍勃\t75\t92\t81")
```

（3）

```
months="Jan.Feb.Mar.Apr.May.Jun.Jul.Aug.Sep.Oct.Nov.Dec."
number=int(input("请输入一个数字："))
position=(number-1)*4
print("对应的月份缩写为："+months[position:position+4])
```

（4）

```
money=input("请输入金额(美元以$结尾，人民币以￥结尾）：")
if money[-1]=='$':
    rmb=float(money[:-1])*6
    print("转换为人民币为：{:.2f}￥".format(rmb))
else:
    dollar=float(money[:-1])/6
    print("转换为美元为：{:.2f}$".format(dollar))
```

（5）

```
psw=input("请输入密码：")
ans="abc123"
if psw.strip().lower()=="abc123":
    print("正确")
else:
    print("错误")
```

（6）

```
attend=input("请输入员工一周的出勤情况：")
attend=attend.upper()
if attend.count('A')<=1 and attend.count('L')<=2:
    print("合格")
else:
    print("不合格")
```

（7）

```
ch=input("请输入一个字符：")
print("  "+ch)
print(" "+ch+ch+ch)
print(ch+ch+ch+ch+ch)
```

第 4 章 Python 程序的流程

4.1 本章内容概述

计算机程序的基本结构一般为 IPO 模式，即程序框架包括输入、处理、输出 3 部分。在程序内部的处理过程中，除了顺序执行外，还存在着逻辑判断和流程控制，这种流程控制主要包括分支和循环两种结构。

本章是 Python 学习的基础、重点和核心，本章内容与全国计算机等级考试二级 Python 考试大纲一致。

1. 分支结构

分支结构是根据条件判断结果选择程序的不同路径的执行方式。分支结构包括简单分支结构 if 语句、选择分支结构 if…else 语句以及多分支结构 if…elif…else 语句。还可以在分支语句中再包含分支语句，形成分支的嵌套。

其中，选择分支结构也称为二分支结构，是最为典型的分支结构。选择分支结构有一种紧凑表达形式，其语法格式如下。

```
<表达式 1> if  <条件> else <表达式 2>
```

如下述代码。

```
num=float(input("请输入一个整数："))
print("您输入的是{}数".format("非负" if num>=0 else "负"))
```

"非负" if num>=0 else "负" 的含义是，如果 num 大于等于 0，返回"非负"；否则返回"负"。

分支语句中存在大量的条件判断，Python 的比较运算符（>、<、>=、<=、==、!=）和逻辑运算符（and、or、not）用于构建条件判断语句。

2. 循环结构

循环是程序中一种非常重要的流程控制结构，循环结构允许一条或多条语句在一定条件的控制下重复执行。重复执行的语句块称为循环体。Python 的循环结构包括遍历循环（for 循环）和条件循环（while 循环）。

遍历循环是指从遍历结构中逐一提取元素放到循环变量中，并执行一次语句块。遍历循环可以针对不同的数据对象，如字符串、列表、文件、range()函数等。遍历可以由 range()函数产生的数字序列形成计数循环；遍历字符串的每个字符，形成字符串遍历循环；遍历列表的每个元素，产生列表遍历循环；遍历一个外部文件的每一行，形成文件遍历循环。

条件循环是一种由 while 语句控制的循环结构，在判断条件结果为 True 时执行循环体，否则退出循环。

for 循环和 while 循环有所不同，for 循环是在遍历结构的序列穷尽时结束循环，而 while 循环是在条件不成立时结束循环。

无论是 for 循环还是 while 循环，循环体都可以再包括循环，从而构成循环的嵌套。

如果没有正确设置循环条件，有可能使得循环无限重复执行下去，这种循环称为“死循环”。按 CTRL+C 快捷键可以终止并退出死循环。

3. 其他流程控制语句

Python 中有两个跳转语句用来实现流程的转移，即 break 和 continue。break 跳出并结束当前整个循环，执行循环后的语句。continue 结束当次循环，继续执行后续次数的循环。

另外，在 Python 的 for 循环和 while 循环中，也可以使用 else 语句，else 后面包括一个语句块。循环结构中的 else 语句块是当循环没有被 break 语句退出时，循环正常结束后执行的语句块。如果循环被 break 语句强制结束，则不会执行 else 语句块。

4. 程序流程图

程序流程图是一种表达程序设计思想的重要工具，程序流程图简洁、清晰，易于掌握，且不依赖于任何程序设计语言，因此被广泛使用。结构化程序设计的基本结构——顺序结构、分支结构和循环结构的程序流程图分别如图 4-1 所示。

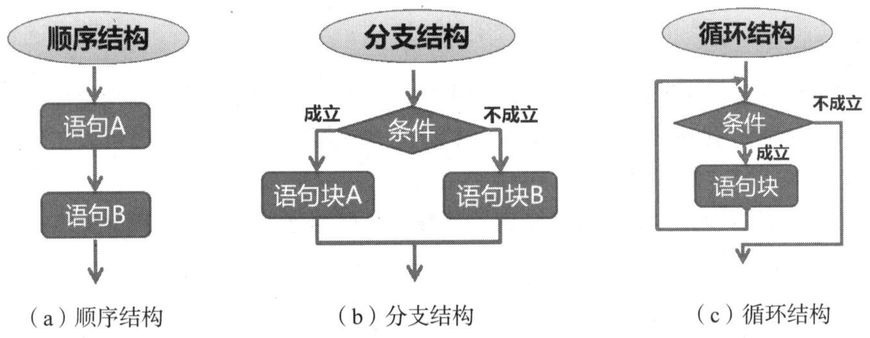

（a）顺序结构　（b）分支结构　（c）循环结构

图 4-1　结构化程序设计 3 种结构的程序流程图

4.2　典型例题分析

1. 编写程序，输入两个数，按从小到大的顺序输出。

```
01 code0401.py
02 a=float(input("请输入第一个数："))
03 b=float(input("请输入第二个数："))
04 if a>b:
05     a,b=b,a
06 print(a,b)
```

解析

（1）程序的第 4 行和第 5 行判断是否满足条件 a>b，如果满足，则将 a 和 b 的值互换，使 a

和 b 按从小到大的顺序输出。

（2）本题也可采用二分支结构 if…else 语句来实现。

2. 编写程序，输入一个整数，判断其能否同时被 3 和 5 整除。如果能同时被 3 和 5 整除，输出“YES”，否则输出“NO”。

```
#code0402.py
n=int(input("请输入一个整数: "))
if n%3==0 and n%5==0:
    print("YES")
else:
    print("NO")
```

解析

这是一个典型的二分支结构程序，其中 if 后面的条件为组合条件，条件 n%3==0 和条件 n%5==0 用逻辑运算符 and 连接。当两个条件判断结果均为 True 时，组合条件的结果才为 True，程序将执行 if 分支的语句；否则执行 else 分支的语句。

3. 输入 3 个数，不使用内置函数，输出 3 个数中的最大值。

```
01 #code0403.py
02 numbers=input("请输入 3 个数，以空格分隔: ")
03 a,b,c=numbers.split()
04 num1=eval(a)
05 num2=eval(b)
06 num3=eval(c)
07 max_num=num1
08 if num2>max_num:
09     max_num=num2
10 if num3>max_num:
11     max_num=num3
12 print("最大数为: ", max_num)
```

解析

（1）求解 3 个数的最大值有很多种方法，本例给出了适用于最大值求解的一般方法，其基本思想是把最大值放在一个特定的变量中，即本例中的 max_num，每次都用当前数与 max_num 中的数进行比较，并将较大的数放入 max_num。

（2）07 行的变量 num1 是待处理的第一个数，因此直接将其放入 max_num。

4. 阅读下面的程序，分析程序的执行过程。程序的功能是，根据输入的成绩数值（百分制），输出对应的等级，等级标准如下。

成绩在 60 以下：等级为 D。

成绩在 60（含）到 70 之间：等级为 C。

成绩在 70（含）到 85 之间：等级为 B。

成绩在 85（含）以上：等级为 A。

```
#code0404_1.py
score=float(input("请输入成绩（百分制）:"))
if score<60:
    print('D')
elif 60<=score<70:
    print('C')
elif 70<=score<85:
```

```
08      print('B')
09  else:
10      print('A')
```

解析

（1）根据不同等级对应的成绩分布区间，程序的 05 行采用了表达式 60<=score<70 的判断条件，这样的写法看似符合题意，但是 elif 语句是当 03 行的 if 条件判断结果为 False 时才会执行，即 score<60 为 False。因此 05 行的条件写作 score<70 即可。多分支结构一定要让每个分支的覆盖范围不要重复，也不要遗漏。

（2）程序的 07 行与 05 行的条件判断方法类似。修改后的程序如下。

```
01  #code0404_2.py
02  score=float(input("请输入成绩（百分制）:"))
03  if score<60:
04      print('D')
05  elif score<70:
06      print('C')
07  elif score<85:
08      print('B')
09  else:
10      print('A')
```

（3）本程序也可采用下面的写法，请读者自行体会这几种设计方法之间的差异。

```
01  #code0404_3.py
02  score=float(input("请输入成绩（百分制）:"))
03  if score<60:
04      print('D')
05  if 60<=score<70:
06      print('C')
07  if 70<=score<85:
08      print('B')
09  if score>=85:
10      print('A')
```

5. 利用循环结构，逐个输出整数 1～10，所有整数在一行中输出，以空格分隔。

```
01  #code0405.py
02  for i in range(1,11):
03      print(i,end=" ")
```

解析

（1）range()函数是 Python 的内置函数，用于创建一个整数列表。range()函数的语法格式为 range(start,stop[,step])，计数从 start 开始，到 stop-1 结束，step 表示步长。计数默认从 0 开始，步长默认为 1。02 行中 range(1,11)生成的列表包括从 1～10 的 10 个整数。

（2）for 循环从 range(1,11)生成的整数列表中逐一提取每个元素放到变量 i 中，并执行一次 print()语句，输出 i 值。

（3）03 行 print(i,end=" ")语句中 end=" "表示输出结尾符号为空格。

（4）本程序也可采用下面的编写方法。其中 range(10)生成 0～9 的 10 个整数列表。

```
01  #code0405.py
02  for i in range(10):
03      print(i+1,end=" ")
```

6. 计算 1～100 之间偶数的和，输出结果为整数，宽度为 8，居中对齐，空白处填充符号“*”。

```
01  #code0406.py
02  sum=0
03  for i in range(2,101,2):
04      sum+=i
05  print("1 到 100 之间的偶数和为：{0:*^8d}".format(sum))
```

解析

（1）range(2,101,2)生成的整数列表从 2 开始，到 100 结束，步长为 2，即 1～100 之间的所有偶数。

（2）04 行 sum+=i 是求和的一般方法。

7. 输入 *n* 个数，输出其中的最小值。

```
01  #code0407.py
02  n=int(input("请输入数字的个数："))
03  for k in range(n):
04      x=float(input("请输入第{}个数：".format(k+1)))
05      if k==0:
06          min_num=x
07      elif x<min_num:
08          min_num=x
09  print("输入的{}个数中最小值为：{}".format(n,min_num))
```

解析

（1）02 行输入数字的个数 *n*，在 03 行中用 range(n)函数生成包含 *n* 个整数的数字序列，作为循环的次数。

（2）求解多个数的最小值，常用的方法是把最小值放在一个特定的变量中，即本例中的 min_num。

（3）05 行判断是否满足条件 k==0，如果满足，即 x 是第一个数，则将最小值 min_num 设置为 x。

8. 输入一个字符串，分别计算其中小写字符、大写字符、数字、其他字符的个数。

```
01  #code0408.py
02  s=input("请输入一串字符：")
03  num_lower=num_upper=num_digit=other=0
04  for n in s:
05      if 'a'<=n<='z':
06          num_lower+=1
07      elif 'A'<=n<='Z':
08          num_upper+=1
09      elif '0'<=n<='9':
10          num_digit+=1
11      else:
12          other+=1
13  print("在字符串\"{}\"中：\n 小写字符{}个\n 大写字符{}个\n 数字{}个\n 其他字符{}个".format(s,num_lower,num_upper,num_digit,other))
```

解析

（1）04 行 for n in s 为字符串遍历，执行时依次从字符串 s 中取出每个字符放入变量 n 中，并执行一次循环体。

（2）本例中设置了 4 个计数器变量：num_lower、num_upper、num_digit、other，分别存放小写字符、大写字符、数字字符、其他字符的个数。

（3）判断字符是否为大写、小写或数字字符，除了 05 行、07 行和 09 行的方法外，还可调用字符串函数。

05 行也可写作：if n.islower():。

07 行也可写作：elif n.isupper():。

09 行也可写作：elif n.isdigit():。

（4）13 行输出字符串时采用了转义字符\"输出双引号，采用\n 实现换行输出。

9. 有一分数序列：2/1、3/2、5/3、8/5、13/8、21/13……计算这个数列的前 20 项之和。

```
#code0409-1.py
a,b=2,1
sum=0
for i in range(20):
    sum+=a/b
    t=a
    a=a+b
    b=t
print(sum)
```

解析

（1）本例采用遍历循环 for 语句比较简洁，循环执行 20 次，每次循环进行 1 次分数的累加，最终得到分数序列前 20 项的和。

（2）观察这个分数序列的规律，从第 1 个分数开始，分子=前 1 个分数的分子+前 1 个分数的分母，分母=前 1 个分数的分子。

（3）下面是采用 while 语句改写的程序，体会这两种循环结构设计方法的不同。

```
01 #code0409-2.py
02 a,b=2,1
03 sum=0
04 i=1
05 while i<=20:
06     sum+=a/b
07     t=a
08     a=a+b
09     b=t
10     i+=1
11 print(sum)
```

（4）while 语句用于条件循环，每次执行循环体之前首先判断条件的值，如果条件为 True，则执行循环体；当条件为 False 时，跳过循环体，结束循环。本例若采用 while 条件循环，则需要在程序中增加语句来设置循环变量 i 的初值（04 行语句）、终值（05 行语句）和步长（10 行语句）。本例中，while 循环和 for 循环都可以完成同样的功能，但有些问题的求解，只能采用 while 条件循环来完成。

10. 储蓄计划。明明是一个小学生，每个月妈妈都会给他 30 元的零花钱，去掉这个月的花费，剩下的钱明明会存在妈妈那作为储蓄，存到 100 元时妈妈会把钱存入银行。请编写程序，输入从一月份开始每个月明明的花费，计算迄今为止明明的储蓄金额，直到储蓄金额达到 100 元为止，输出明明一共花了几个月使储蓄金额达到 100 元，并计算存入银行 100 元后，还剩余多少钱。

```
#code0411.py
save=0        #用于累加储蓄金额
month=0
while save<100:
    cost=float(input("请输入明明{}月的花费：".format(month+1)))
    save=save+(30-cost)
    print(save)
    month+=1
print("明明花了{}个月存够了100元，存入银行后，明明还剩余{}元".format(month,save-100))
```

解析

（1）本例是典型的条件循环结构的应用，循环执行的次数不确定，当条件 save<100 时为 True，即累加的储蓄金额不到 100 元时，就继续执行循环；否则退出循环。

（2）month 是计数器，用于累加储蓄的月份数。

11. 输入一组 3 位正整数，输入–1 表示输入结束，输出这组数中水仙花数的个数。水仙花数是这样一种数：它是 3 位正整数，它每个数位上的数的立方和等于它本身。例如，$153=1^3+5^3+3^3$，所以 153 是一个水仙花数。

```
#code0410-1.py
n=0         #统计水仙花数的计数器
num=int(input("请输入3位正整数，-1表示结束："))
while num!=-1:
    a=num//100
    b=num%100//10
    c=num%10
    if num==a**3+b**3+c**3:
        n+=1
    num=eval(input("请输入3位正整数，-1表示结束"))
print("输入的正整数中，水仙花数有{}个".format(n))
```

解析

（1）本例是一个循环结构，依次判断输入的每个 3 位正整数是否为水仙花数，如果是，则计数器 n 加 1。其中 num 获取的–1 是循环结束的标志。采用条件循环 while 语句，当输入数字 num!= –1 时，进入循环；否则退出循环，继续向下执行输出语句，输出结果。

（2）本例也可用下面的方法来实现。while True 可以看作一个无限循环，循环条件恒为 True，无法结束循环；而在循环体内，使用 if 语句判断条件，当条件满足时，使用 break 语句强制退出循环。

```
#code0410-2.py
n=0
while True:
    num=int(input("请输入3位正整数，-1表示结束："))
    if num==-1:
        break
    a=num//100
    b=num%100//10
    c=num%10
    if num==a**3+b**3+c**3:
        n+=1
print("输入的正整数中，水仙花数有{}个".format(n))
```

12. 分析下面的程序实现的功能。

```
01 #code0412.py
02 sum=0
03 x=0
04 while True:
05     x=x+1
06     if x>100:
07        break
08     if x%2==0:
09         continue
10     sum+=x
11 print(sum)
```

解析

（1）04 行，while True 是一个无限循环，此循环内部一定会有 break 语句，在满足条件时退出循环。

（2）06 行，如果 x>100，则 07 行 break 语句退出循环，因此循环执行了 100 次，x 分别取得 1～100 之间的每个整数。

（3）08 行判断如果 x 是偶数，则 09 行的 continue 语句将结束本次循环，开始下次循环。因此，每个偶数将被忽略；而对于奇数，将执行其后的第 10 行语句，求出累加和。

（4）本程序的功能是计算 1～100 之间所有奇数的和。

13. 设计一个登录验证程序。输入用户名和密码，输出登录是否成功的提示信息，只有 3 次输入错误的机会。

```
01 #code0412.py
02 count=0
03 while count<3:
04     username=input("请输入用户名：")
05     psw=input("请输入密码：")
06     if username=="python" and psw=="123456":
07         print("登录成功")
08         break
09     else:
10         count+=1
11         print("用户名或密码错误")
12 else:
13     print("3 次输入错误，请稍后再试")
```

解析

（1）03 行 count 变量是输入错误次数的计数器，条件循环 while count<3 使得用户最多能够输入错误 3 次，超过 3 次则循环结束。

（2）08 行，当输入的用户名和密码正确，程序给出“登录成功”的提示信息后，采用 break 语句退出 while 循环。

（3）10 行，如果输入的用户名或密码错误，则计数器 count 加 1，用于统计输入错误的次数。

（4）12 行为循环的 else 语句，若循环没有被 break 语句退出，即循环正常结束后，将执行 else 语句块。本例中若 while 循环条件 count<3 的值为 False，即输入错误的次数达到了 3 次，则 while 循环正常结束，然后执行 else 语句块的 print 语句，输出“3 次输入错误，请稍后再试”的提示信息。Python 循环的 else 语句块灵活方便，使得程序的设计更为简洁。

14. 计算两个数的最大公约数和最小公倍数。

```
#code0414.py
a=int(input("请输入第一个数："))
b=int(input("请输入第二个数："))
s=a*b
while a%b!=0:
    a,b=b,(a%b)
print(b,"是最大公约数")
print(s//b,"是最小公倍数")
```

解析

（1）本例采用辗转相除法计算最大公约数。最大公约数也可用辗转相减法求解。

（2）辗转相除法将余数为 0 作为循环结束的条件，循环中被除数 a 赋值为当前 a、b 中较小的数，除数 b 赋值为当前 a 和 b 的余数。

（3）最小公倍数=两数的积/最大公约数。

15. 输出一个 m 行 n 列的字符矩形，输入行数 m、列数 n、构成矩形的字符，输出字符矩形。

```
01 #code0415.py
02 m=int(input("请输入矩形的行数："))
03 n=int(input("请输入矩形的列数："))
04 ch=input("请输入构成矩形的字符：")
05 for i in range(m):
06     for j in range(n):
07         print(ch,end="")
08     print("")
```

解析

（1）本例采用多重循环，05 行外层循环控制行的输出，06 行内层循环控制列的输出。

（2）08 行用于在一行中输出完毕后换行。

16. 请统计在某个给定范围[m, n]的所有整数中，数字 3 出现的次数。

```
01 #code0416.py
02 count=0
03
04 m,n=eval(input("请输入区间的左边界 m 和右边界 n，以逗号分隔："))
05 for i in range(m,n+1):
06     k=i
07     while k>0:
08         if k%10==3:
09             count+=1
10         k//=10
11 print("在区间[%d,%d]中数字 3 出现了%d 次"%(m,n,count))
```

解析

（1）04 行 eval 函数可以将 input()函数输入的字符串去掉引号。因为输入的字符串以逗号分隔，去掉引号后数值在赋值语句中分别赋值给 m 和 n。例如，假设 input()函数获取的输入内容为“3, 53”，eval()函数去掉输入字符串中的引号后，得到 3, 53，赋值语句形式为 m，n=3, 53，m 和 n 分别获得左右边界的数值。

（2）05 行 for 循环中 i 依次取得[m,n]中的每个整数。

（3）06～10 行的语句采用分离数字的方法，从末位开始分离出 i 的每个数字字符 k，如果 k

为 3，则计数器 count 加 1。

17. 用 1、2、3、4 这 4 个数字，组成互不相同且无重复数字的 3 位数，输出所有这样的 3 位数，每行输出 4 个。

```
01 #code0417.py
02 count=0
03 for x in range(1,5):
04     for y in range(1,5):
05         for z in range(1,5):
06             if x!=y and y!=z and z!=x:
07                 count+=1
08                 if count%4!=0:
09                     print("%d%d%d"%(x,y,z),end=" | ")
10                 else:
11                     print("%d%d%d"%(x,y,z))
```

解析

（1）程序的基本思想是 3 位数的每个数位上分别用 1～4 的每个数字进行组合，如果每个数位均不相同，即输出这个 3 位数。

（2）07 行的 count 变量用于记录符合条件的数字个数；08、09 行用来判断如果 count 为 4 的整数倍，输出时以“ | ”作为数字之间的分隔符，从而实现每行输出 4 个数。

4.3　问题与思考

1. 简述 input()函数的功能和用法。
2. for 循环也称遍历循环，其遍历的数据对象有哪些？
3. 简述循环结构中 else 语句的用法。

解答

1. input()函数用于获取用户的输入，当 input()被执行时，程序暂停，等待用户的输入，并将用户的输入作为 input()函数的返回值。不论用户输入的是什么类型的数据，获取的都是字符串类型的数据。可以使用 int()、float()、eval()等函数将输入的字符串转换成其他数据类型。

2. for 循环的遍历对象可以是 range()函数形成的整数序列、字符串、列表、文件等数据对象。

3. 在 for 循环和 while 循环中，可以使用 else 语句。循环结构中的 else 语句块是当循环没有被 break 语句强制退出时，循环正常结束后执行的语句块。如果循环被 break 语句强制结束，则不会执行 else 语句块。因此 else 语句块可以作为循环是否正常结束的一种标记。

4.4　习题与解答

1. 选择题

（1）以下代码段的输出结果是（　　）。

```
if 0:
    print("hello")
```

A. False　　B. hello　　C. 没有任何输出　　D. 语法错误

（2）以下关于分支结构的描述中，**错误**的是（　　）。

A. 二分支结构有一种紧凑形式，使用关键字 if 和 elif 实现

B. if 语句中条件部分可以使用任何能够产生 True 和 False 的语句或函数

C. if 语句中语句块是否执行依赖于条件判断

D. 多分支结构用于设置多个判断条件以及对应多条执行路径

（3）从键盘输入数字 5，以下代码段的输出结果是（　　）。

```
n=eval(input("请输入一个整数: "))
s=0
if n>=5:
    n-=1
    s=4
if n<5:
    n-=1
    s=3
print(s)
```

A. 3　　B. 4　　C. 0　　D. 2

（4）以下关于 Python 分支的描述中，**错误**的是（　　）。

A. Python 分支结构使用关键字 if、elif 和 else 来实现，每个 if 后面必须有 elif 或 else

B. 缩进是 Python 分支结构的语法部分，缩进不正确会影响分支功能

C. if…else 分支结构里还可以再包括分支，即分支是可以嵌套的

D. if 语句会判断 if 后面的逻辑表达式，当值为 True 时，执行 if 后的语句块

（5）在 Python 中，使用 for…in 构成的循环**不能**遍历的类型是（　　）。

A. 字典　　B. 列表　　C. 浮点数　　D. 字符串

（6）以下代码段的输出结果是（　　）。

```
for i in [1,0]:
    print(i+1)
```

A. 第一行输出 2，第二行输出 1　　B. [2,1]

C. 2　　D. 0

（7）以下选项中，**错误**的是（　　）。

A. s='a' or 'b'是合法的，s 的值是'a'　　B. s='a' and 'b'是合法的，s 的值是'b'

C. 11<=22<33 结果是 False　　D. 33>=22>11 结果是 True

（8）以下代码段的输出结果是（　　）。

```
for i in range(3):
    print(2,end=",")
```

A. 2,2,2　　B. 2,2,2,　　C. 2 2 2　　D. 2 2 2,

（9）以下代码段会输出 1、2、3 这 3 个数字的是（　　）。

A.

```
for i in range(3):
    print(i)
```

B.

```
for i in range(1,3):
    print(i)
```

C.

```
i=1
while i<3:
    print(i)
    i+=1
```

D.

```
al=[0,1,2]
  for i in al:
  print(i+1)
```

（10）以下代码段的输出结果是（　　）。

```
    for str in "mypython":
    if str=='y'or str=='t':
        continue
    print(str,end='')
```

A. mphon　　B. mypython　　C. mpthon　　D. mypyhon

（11）以下代码段的输出结果是（　　）。

```
i=s=0
while i<=10:
    s+=i
    i+=1
print(s)
```

A. 0　　B. 55　　C. 10　　D. 以上结果都不对

（12）以下代码段的输出结果是（　　）。

```
m=5
while m==m:
    print('m')
```

A. 输出 1 次 m　　B. 输出 1 次 5

C. 输出 5 次 m　　D. 无限次输出 m，直到终止程序

（13）以下关于循环结构的描述中，**错误**的是（　　）。

A. while 循环使用 break 关键字能够跳出所在层循环体

B. while 循环可以使用关键字 break 和 continue

C. while 循环也叫遍历循环，用来提取序列类型中的每个元素，并执行一次循环体

D. while 循环的 pass 语句，不做任何事情，一般用作占位语句

（14）在下面的代码段中，while 循环执行的次数为（　　）。

```
k=1000
while k>1:
    print(k)
    k=k/2
```

A. 9　　B. 10　　C. 11　　D. 100

（15）下面的代码段会无限循环下去的是（　　）。

A.

```
s=0
for a in range(10):
    s+=a
```

B.

```
while True:
   break
```

C.

```
i=1
while i<10:
   s+=i
```

D.

```
a=[3,-1,',']
for i in a:
   print(a)
```

（16）以下代码段的输出结果是（　　）。

```
for ch in 'PYTHON PROGRAM':
   if ch==' ':
      break
   if ch=='O':
      continue
   print(ch,end='')
```

A. PYTHON　　B. PYTHONPROGRAM

C. PYTHN　　D. PROGRAM

（17）关于 Python 循环结构中的 else 语句，以下说法正确的是（　　）。

A. 只有 for 循环才有 else 语句　　B. 只有 while 才有 else 语句

C. for 和 while 都可以有 else 语句　　D. for 和 while 都没有 else 语句

（18）以下选项中，错误的是（　　）。

A. continue 语句用于结束本次循环　　B. continue 语句通常与 if 语句一起使用

C. break 语句用于中断循环　　D. break 语句用于中断程序

（19）以下代码段的输出结果是（　　）。

```
sum=0
for i in range(1,10):
   if i%7==0:
      break
   else:
      sum+=i
print(sum)
```

A. 6　　B. 7　　C. 21　　D. 55

（20）以下代码段的输出结果是（　　）。

```
while True:
   guess =eval(input())
   if guess == 0x452//2:
      break
print(guess)
```

A. 0x452//2　　B. 0x452　　C. break　　D. 553

2. 编程题

（1）判断某年是否是闰年。输入一个整数表示年份，输出是否为闰年。

（2）根据 PM2.5 的监测值，输出空气质量等级。输入 PM2.5 的数值，根据表 4-1 输出相应的空气质量等级。

表 4-1　　PM2.5 空气质量等级描述

PM2.5	空气质量等级
35（含）以下	优
35～75（含）	良
75～115（含）	轻度污染
115～150（含）	中度污染
150～250（含）	重度污染
250 以上	严重污染

（3）根据邮件的质量和用户是否选择加急计算邮费。计算规则：质量在 1000 克以内（含 1000 克），基本费 12 元；超过 1000 克的部分，每 500 克加收超重费 4 元，不足 500 克部分按 500 克计算；如果用户选择加急，多收 10 元。

输入邮件质量（整数，单位为克），输入一个字符表示是否加急（*y* 表示加急；*n* 表示不加急）。输出一个整数，表示邮费。

（4）制作简易的计算器，完成基本的加减乘除运算。输入运算符和两个数字，输出计算结果。除法运算中，若除数为零，则输出必要的提示信息。

（5）某移动通信公司的手机话费收费标准规定如下：若为固定套餐用户，每月收取固定费用 50 元，可免费打电话 300 分钟，超出 300 分钟，每分钟收费 0.1 元；若为非固定套餐用户，每分钟电话费为 0.2 元。

输入某人一个月的通话时间，以及是否是固定套餐用户（输入 *y* 表示固定套餐用户，输入 *n* 表示非固定套餐用户），计算话费。

（6）输入 *k* 个大于等于 1、小于等于 10 的正整数。编写程序计算输入的 *k* 个正整数中，1、5 和 10 出现的次数。

（7）计算一个班级中所有学生的平均年龄。输入学生人数、每个学生的年龄，输出平均年龄（保留两位小数）。

（8）输入一个数字序列，计算序列的最大跨度值，最大跨度值=最大值−最小值。在一行中输入数字，以空格分隔。

（9）将一个八进制数转换为十进制数。

（10）使用 while 循环计算 1−2+3−4+5−6⋯+99 的值。

（11）输入一个正整数，将其倒序输出。

（12）某商店对其一种商品 A 采用限额销售的政策，每天有固定的计划销售数量，售完即止。请给商店设计一个程序，统计每天有多少顾客没有买到 A 商品。输入当天的计划销售数量、当天要求购买 A 商品的顾客人数，以及每个顾客要求购买的 A 商品数量，计算当天没有购买到 A 商品的顾客人数。在销售过程中，若剩余的 A 商品数量少于当前顾客要求的购买数量，则假定顾客会购买所有剩余的商品。

（13）sn=1+1/2+1/3+⋯+1/n。显然对于任意一个整数 k，当 n 足够大的时候，sn 大于 k。输入一个整数 k（$1 \leq k \leq 15$），要求计算出一个最小的 n，使得 $sn>k$。

（14）判断一个正整数是不是回文数。如果一个数的正向和逆向的读法相同，那么称该数为回文数，如 12321、7887 是回文数。

（15）恺撒密码问题。恺撒密码是古罗马恺撒大帝用来对军事情报进行加解密的算法，它采用替换方法将信息中的每一个英文字符循环替换为字母表序列中该字符后面的第三个字符，字母表的对应关系如下。

明文：a b c d e f g h i j k l m n o p q r s t u v w x y z。

密文：d e f g h i j k l m n o p q r s t u v w x y z a b c。

可以采用如下方法计算明文字符对应的密文字符。

对于明文字符 p，其密文字符 c 满足条件：c=(p+3) mod 26。

假设用户可能使用的输入仅包含小写字母 a～z 和空格，请编写一个程序，对输入的字符串用恺撒密码进行加密，其中空格不用进行加密处理。

（16）小李大学毕业开始工作，他想买一套现价为 100 万元的房子。若房子的价格以每年百分之 k（$1 \leqslant k \leqslant 20$）的速度增长，小李的年薪是 n（$10 \leqslant n \leqslant 50$）万元，假设小李未来的年薪不变，且每年所得的 n 万元全部积攒起来，请计算小李需要多少年能买下这套房子。如果超过 20 年小李也买不起这套房子，那么输出“很遗憾，小李买不起！”。

（17）编写一个猜年龄的程序。输入猜测的年龄，直到猜对为止，每次给出猜大了或猜小了的提示，猜测成功时输出猜测的次数。

（18）输出九九乘法表。

参考答案

1. 选择题

C　A　A　A　C　　A　C　B　D　A

B　D　C　B　C　　C　C　D　C　D

2. 编程题

（1）

```
#能被 4 整除但不能被 100 整除，或能被 400 整除的年份为闰年
year=int(input("请输入年份："))
if year%4==0 and year%100!=0 or year%400==0:
    print("{}年是闰年".format(year))
else:
    print("{}年不是闰年".format(year))
```

（2）

```
pm=float(input("请输入 pm2.5 的值："))
if pm<=35:
    print("空气质量：优")
elif pm<=75:
    print("空气质量：良")
elif pm<=115:
    print("空气质量：轻度污染")
elif pm<=150:
    print("空气质量：中度污染")
```

```
elif pm<=250:
    print("空气质量：重度污染")
else:
    print("空气质量：严重污染")
```

（3）

```
import math
weight=int(input("请输入邮件质量（单位：克）"))
f=input("请输入是否加急（y 表示加急，n 表示不加急）")
fee=12
if weight>1000:
    fee+=math.ceil((weight-1000)/500)*4      #math.ceil()是上取整函数
if f=='y':
    fee+=10
print("需付邮费：%d"%fee)
```

（4）

```
print("请选择运算：")
print("1：加")
print("2：减")
print("3：乘")
print("4：除")
op=input("请输入运算对应的序号：")
num1,num2=eval(input("请输入两个数，以逗号分隔："))
if op=='1':
    print("{}+{}={}".format(num1,num2,num1+num2))
elif op=='2':
    print("{}-{}={}".format(num1,num2,num1-num2))
elif op=='3':
    print("{}*{}={}".format(num1,num2,num1*num2))
elif op=='4':
    if num2!=0:
        print("{}/{}={}".format(num1,num2,num1/num2))
    else:
        print("错误：除数不能为零")
else:
    print("运算符输入错误")
```

（5）

```
duration=int(input("请输入通话时间："))
isFixed=input("输入是否是固定套餐用户(y:是，n:否)")
if isFixed=='y':
    fee=50
    if duration>300:
        fee+=(duration-300)*0.1
else:
    fee=0.2*duration
print("本月话费：",fee)
```

（6）

```
n1=0
n2=0
```

```
n3=0
for m in range(10):
    x=int(input("请输入第{}个整数(1～10 之间): ".format(m+1)))
    if x==1:
        n1+=1
    if x==5:
        n2+=1
    if x==10:
        n3+=1
print("10 个整数中有{0}个 1, {1}个 5, {2}个 10".format(n1,n2,n3))
```

(7)

```
num=eval(input("请输入学生人数: "))
sum=0
for i in range(num):
    age=eval(input("请输入第{}个学生的年龄: ".format(i+1)))
    sum+=age
print("学生的平均年龄为: {:.2f}".format(sum/num))
```

(8)

```
numStr=input("请输入数字序列, 数字之间以空格分隔: ")
numbers=numStr.split()
min_num=max_num=eval(numbers[0])
for item in numbers:
    x=eval(item)
    if x<min_num:
        min_num=x
    if x>max_num:
        max_num=x
print("数字序列的最大跨度值为{}".format(max_num-min_num))
```

(9)

```
n=0
p=input()
for i in range(len(p)):
    n=n*8+ord(p[i])-ord('0')      #也可以写作 n=n*8+int(p[i])
print(n)
```

(10)

```
n=1
s=0
while n<100:
    if n%2==0:
        s=s-n
    else:
        s=s+n
    n+=1
print(s)
```

(11)

```
x=int(input("请输入一个正整数"))
while x>0:
```

```
    a=x%10      #获取末位数字
    x=x//10     #去掉末位数字
    print(a,end="")
```

（12）

```
amount_products=eval(input("请输入A商品当天的计划销售数量："))
amount_customers=eval(input("请输入顾客人数："))
n=0
while amount_products>0:
    a=int(input("请输入当前顾客的购买数量："))
    amount_products-=a
    n+=1
print("当天有{}位顾客没有买到A商品".format(amount_customers-n))
```

（13）

```
k=int(input("请输入k值："))
sn=0
n=0
while sn<=k:
    n+=1
    sn+=1/n
print(n)
```

（14）

```
s=input("请输入一个正整数：")
n=int(len(s)/2)          #正向第i个和逆向第i个字符比较，故比较次数为字符串长度的一半
for i in range(n):
    if s[i]!=s[-i-1]:   #s[i]是正向第i个字符，s[-i-1]是逆向第i个字符
        print("不是回文数")
        break
else:
    print("是回文数")
```

（15）

方法一：

```
sr="abcdefghijklmnopqrstuvwxyz"  #定义小写字母表
in_str= input("请输入明文：")
out_str=""
for ch in in_str:
    if ch==" ":     #如果输入字符为空格，直接添加在当前密文字符串后面
        out_str+=" "
        continue    #结束本次循环，开始下一次循环，处理下一个明文字符
    i=sr.find(ch) #i为字符ch在字母表sr中的索引
    if(i!= -1):
        out_str+=sr[(i+3)%26]
#上行语句是在字母表sr中找到明文对应的密文，添加到当前密文字符串后面
print("加密后的密文是："+out_str)
```

方法二：

```
in_str=input("请输入明文：")
out_str=""
```

```
for ch in in_str:
    if ch==" ":
        out_str+=ch
        continue
    secret_ch=chr(ord('a')+((ord(ch)-ord('a'))+3)%26)   #利用ASCII计算密文字符
    out_str+=secret_ch
print("加密后的密文是："+out_str)
```

（16）

```
house_price=100
n=eval(input("请输入小李的年薪（万元）:"))
k=eval(input("请输入k值（房子每年的增长率为百分之k）："))
save=n
num_years=1
while save<house_price:
    save+=n
    house_price*=(1+k/100)
    num_years+=1
    if num_years>20:
        print("很遗憾，小李买不起！")
        break
else:
    print("小李需要{}年能买得起这套房子".format(num_years))
```

（17）

```
myage=30
while True:
    guessage=int(input("请猜猜我的年龄："))
    if guessage==myage:
        print("恭喜你，猜对了")
        break
    if guessage>myage:
        print("猜大了")
    else:
        print("猜小了")
```

（18）

```
for i in range(1,10):
    for j in range(1,i+1):
        print(str(j)+'*'+str(i)+'='+str(i*j),end='\t')   #'\t'是横向制表符
    print()           #一行输出完毕后换行
```

第 5 章 Python 的组合数据类型

5.1 本章内容概述

将多个数据组合起来形成某种数据结构，是计算机程序处理数据的重要方式。Python 的组合数据类型对应多种数据结构。本章将介绍 Python 的序列类型和集合类型，序列类型主要包括列表和元组，集合类型的代表是字典。

本章是全国计算机等级考试二级 Python 的重点内容之一，本章内容与二级 Python 考试大纲一致，部分示例难度高于二级 Python 的考试要求。

1. 序列类型

序列是具有先后关系的一组元素，元素类型可以相同，也可以不同。序列的每个元素都有编号，即元素的索引，索引从 0 开始，通过索引访问序列的特定元素。序列是一个基类类型，具体的序列类型的对象主要包括列表和元组，除此之外，字符串也是一种序列类型。序列类型包括通用的操作符，如 in、not in、+、*等；还包括索引和切片操作；序列类型还包括通用的操作函数和方法，如序列长度 len()、序列最小元素 min()、序列最大元素 max()、元素在序列中的位置 index()、元素在序列中出现的次数 count()等。

序列的元素可以是其他序列或集合对象。序列一般应用在需要处理一系列值的场景中。

2. 列表

列表是 Python 中重要的组合数据类型。列表没有长度限制，列表中元素的类型可以不同。列表使用方括号[]或 list()函数创建，元素之间用逗号分隔。列表创建后可以随意修改。作为序列类型的一种，列表拥有所有序列类型通用的操作符和操作方法，同时列表自身还具有丰富的操作函数和方法，如列表元素赋值、切片、del 操作，以及 append()、clear()、copy()、count()、index()、insert()、pop()、remove()、reverse()、sort()等方法。

3. 元组

元组也是一种序列类型，与列表不同，元组是不能修改的。元组可以使用小括号()或 tuple()函数创建。将一些值用逗号分隔，也可以创建元组，如 a=1,2,3 语句创建了有 3 个元素的元组 a。元组也拥有序列类型通用的操作符和方法。

列表适合于需要向其中添加元素或修改元素的情形；而元组适合于基于某种考虑禁止修改序列的情形，如函数的返回值。

4. 字典

字典是 Python 的集合类型，字典中的元素没有顺序。字典是键值对的集合，键值对是键（索引）和值（数据）的映射，字典中键不允许重复，键可以是数值、字符串或元组。字典可以用大括号{}或 dict()函数创建，键值对用冒号分隔。在字典变量中，可以通过 d[key]的方式获得键值对的值或者给键值对赋值。

对于不适合用编号（索引）访问的数据元素，可以使用字典中的键来表示和访问数据元素。

d 是一个字典，字典的常用操作方法包括 d.keys()、d.values()、d.items()、key in d、del d[key]、d.get()、d.pop()、len(d)等。

5.2　典型例题分析

1. 编写程序，随机生成 10 个 7 位数的密码，要求密码的第 1 个字符为大写字母，最后 1 个字符为数字，中间 5 个字符为小写字母，生成的密码不能重复。

```
01 #code0501.py
02 import random
03 numbers="0123456789"
04 lowers="abcdefghijklmnopqrstuvwxyz"
05 uppers="ABCDEFGHIJKLMNOPQRSTUVWXYZ"
06 passwords=[]
07 for i in range(10):
08 lsp=random.sample(uppers,1)+random.sample(lowers,5)+random.sample(numbers,1)
09     psw="".join(lsp)
10     if psw not in passwords:
11         passwords.append(psw)
12 for x in passwords:
13     print(x)
```

解析

（1）02 行，导入 random 模块，以便使用 random 模块中的函数获取随机数。

（2）06 行，定义一个空的序列 passwords，用于存储生成的密码。

（3）08 行，random.sample()函数用来从序列中随机选取指定数量的元素，返回值为列表类型，如 random.sample(lowers,5)返回从 lowers 字符串中随机选取 5 个字符组成的列表。"+" 用于组合列表。

（4）09 行，"sep".join(lsp)函数的功能是以 lsp 作为分隔符，将 lsp 序列所有元素合并成一个字符串。本行代码将列表 lsp 转换为字符串 psw。

（5）10 行、11 行，使用 not in 运算符进行判断，如果生成的密码 psw 不在序列 passwords 中，则使用列表的 append()函数，将密码 psw 添加到 passwords 中。

（6）12 行、13 行，采用 for 循环遍历并输出密码序列 passwords 的每个元素。

本例中，使用列表这一组合数据类型保存生成的 10 个密码，可以看出，组合数据类型的主要作用就是表示一组数据，并对其进行操作。

2. 编写程序，模拟栈操作。栈的操作包括：入栈、出栈、查看栈顶元素、栈的长度、栈是否为空。

```
#code0502.py
stack=[]
```

```
03 operations='''
04 栈操作:
05 1.入栈
06 2.出栈
07 3.查看栈顶元素
08 4.栈的长度
09 5.栈是否为空
10 6.退出
11 '''
12 print(operations)
13 while True:
14     choice=input("请输入选择的操作序号：")
15     if choice=='1':
16         element=input("请输入入栈元素：")
17         stack.append(element)
18         print("元素{}入栈成功".format(element))
19     elif choice=='2':
20         if not stack:
21             print("栈为空，不能出栈")
22         else:
23             element=stack.pop()
24             print("元素{}出栈成功".format(element))
25     elif choice=='3':
26         if len(stack)==0:
27             print("栈为空")
28         else:
29             print("栈顶元素为：{}".format(stack[-1]))
30     elif choice=='4':
31         print("栈的长度为：{}".format(len(stack)))
32     elif choice=='5':
33         print("栈为空" if len(stack)==0 else "栈非空")
34     elif choice=='6':
35         break
```

解析

（1）列表是组合数据类型中非常重要的一种。本例演示了列表的常用操作，包括添加列表元素 append()、移除并返回列表的最后一个元素 pop()、查看列表元素的个数 len()，以及根据索引访问列表元素，并以此模仿栈的操作。

（2）13 行开始的循环中，根据选择的操作方式，完成相应的列表操作，直到输入序号 6，执行 break 语句退出循环。

（3）17 行，使用列表的 append()方法，将一个元素添加到列表的末尾。

（4）20 行，stack 为空时，对应的布尔值为 False，可以用 bool(stack)测试得到，所以 if not stack 意为如果 stack 不为空。判断列表是否为空，也可用 26 行的方法：if len(stack)==0，通过判断 stack 的长度是否为 0 来确定列表是否为空。

（5）23 行，列表的 pop()方法返回列表的最后一个元素，并从列表中将该元素删除。

（6）29 行，列表的元素可以用索引来表示，如 stack[i]表示 stack 列表中的第 i–1 个元素；索引可以为负数，stack[-1]表示列表中的最后一个元素。在不确定列表长度的情况下，用这种方法表示列表的末尾元素十分方便。

（7）33 行，输出时使用了选择分支结构的紧凑表示形式，print("栈为空" if len(stack)==0 else "栈非空")表达的含义是，如果 len(stack)==0，则输出“栈为空”；否则输出“栈非空”。

3. 编写程序实现如下功能。

（1）建立字典 dict，包含的内容是："数学":"L04","语文":"W01","英语":"W02","物理":"L02","地理":"Q03"。

（2）向字典中添加键值对"化学":"L03"。

（3）修改"数学"对应的值为"L01"。

（4）删除"地理"对应的键值对。

（5）按如下格式输出字典 dict 的全部信息。

L01:数学

W01:语文

W02:英语

L02:物理

L03:化学

```
01 #code0503.py
02 dict={"数学":"L04","语文":"W01","英语":"W02","物理":"L02","地理":"Q03"}
03 dict["化学"]="L03"
04 dict["数学"]="L01"
05 del dict["地理"]
06 for subject,num in dict.items():
07     print("{}:{}".format(num,subject))
```

解析

（1）本例演示了组合数据类型字典的常用操作。

（2）02 行，建立字典 dict。字典由键值对构成，可以存储任意类型的对象。

（3）由于字典中的键是唯一的，因此向字典中增加键值对的方法和根据键修改值的方法相似。03 行，字典中没有"化学"键，则向字典中增加键值对；04 行，字典中存在"数学"键，则更改对应的值。

（4）05 行，根据给定的键删除字典中的键值对，注意 del 是命令而不是函数。

（5）06 行、07 行，字典的 items()方法返回键值对序列，采用 for 循环遍历键值对序列并按格式输出。字典的遍历也可以采用如下方法实现。字典的 keys()方法返回所有键的列表，遍历键列表，根据每个键获取对应的值。

```
for key in dict.keys():
    print("{}:{}".format(dict[key],key))
```

4. 定义一个列表，存储一个班级所有学生某科目考试的成绩等级，编写程序，统计输出各等级的人数，并按各等级的人数由多到少的次序输出。

```
#code0504.py
ls_score=["及格","优秀","良好","优秀","及格","不及格","良好","及格",\
        "良好","不及格","良好","良好","良好","及格","及格","优秀",\
```

```
         "优秀","良好","不及格","良好","及格","良好","及格","优秀"]
03 d={}
04 for score in ls_score:
05     d[score]=d.get(score,0)+1
06 scores=list(d.items())
07 scores.sort(key=lambda x:x[1],reverse=True)
08 for k in range(len(scores)):
09     score,count=scores[k]
10  print("{}:{}".format(score,count))
```

解析

（1）02 行末尾的“\”为续行符，如果一条语句在一行中书写不完，使用续行符可以实现分行书写。

（2）本例中，等级和人数形成了一种映射关系，字典就是用于表达这种键值映射关系的组合数据类型。

（3）从 03 行开始，首先定义一个空字典 d；再采用 for 循环从 ls_score 列表中逐一取出每个元素，即成绩等级；然后判断这个元素是否在 d 中，这里使用了 d.get()方法。get()方法用于从字典中获取键对应的值，如果键不在字典中，返回方法中给定的默认值。

05 行，d.get(score,0)将成绩等级 score 作为键检索字典，如果该键在字典中，则返回该键的值，即该等级的次数，再加 1，表示该等级又出现了一次；如果该键不在字典中，则返回 0，再加 1，表示将 1 赋值给 d[score]，相当于在字典中增加一个新元素，其键为 score，值为 1。字典添加元素的方法与修改元素的方法相同，都是 dicts[key]=value 的形式。

第 5 行的代码也可用如下的写法。d.keys()返回字典的键值列表，如果 score 在字典的键值列表中，说明该等级和人数键值对已经在字典中，则 d[score]+=1 将等级 score 对应的人数加 1；否则 d[score]=1 在字典中增加一个键为 score、值为 1 的新元素。

```
if score in d.keys():
    d[score]+=1
else:
    d[score]=1
```

（4）06 行，为了便于排序操作，使用 list()函数将字典中的键值对转换为列表。在列表中，字典中的每个键值对都以元组的形式表示，如[('及格', 7), ('优秀', 5), ('良好', 9), ('不及格', 3)]。

（5）07 行，sort()方法用于对列表进行排序。在 sort()方法中，参数 lambda 用来指定在列表中使用元素的哪个列作为排序列，key=lambda x:x[1]指定用元素的序号为 1 的列作为排序列，即按人数排序。sort()方法默认的排序方式是从小到大，而将 reverse 设为 True，即设置按从大到小的方式排序。

（6）08 行到 10 行，采用遍历循环，取出排序后的列表 scores 的每个元素 scores[k]，注意每个元素都是元组类型，赋值给对应变量后输出结果。程序的输出结果形式如下。

```
良好:9
及格:7
优秀:5
不及格:3
```

（7）本例根据列表 ls_score 进行统计，生成包含成绩等级与人数键值对的字典，处理方法有很多种。下面的代码利用了集合没有重复元素的特点，首先将 ls_score 转换为集合 s，s 中包含了不重复的等级信息；然后采用 for 循环遍历集合 s，对每一个等级 score，采用 ls_score.count(score)计算其在原始列表 ls_score 中出现的次数，并添加到字典 d 中。组合数据类型的功能十分灵活，要根据应用场景，选择适当的数据类型。

```
s=set(ls_score)
for score in s:
    d[score]=ls_score.count(score)
```

5. 输入一组单词，以逗号分隔，判断是否有重复出现的单词。

```
01 #code0505-1.py
02 txt=input("请输入一组单词，以逗号分隔：")
03 ls=txt.split(',')
04 words=[]
05 for word in ls:
06     if word in words:
07         print("有重复单词")
08         break
09     else:
10         words.append(word)
11 else:
12     print("没有重复单词")
```

解析

（1）程序中使用了两个列表，列表 ls 存放所有输入的单词序列，程序遍历 ls 中的每个单词，并将不重复的单词放入列表 words 中。

（2）03 行，split()函数将输入的字符串以逗号作为分隔符进行分隔，生成单词的列表。

（3）04 行，定义一个空的列表 words，用于存放不重复的单词。

（4）05 行到 10 行，for 循环遍历 ls 中的每个单词，并使用 if 语句判断，如果单词不在 words 列表中，则将该单词放入 words 列表；若单词在 words 列表中已经存在，则意味着找到了重复单词，输出“有重复单词”的结果信息，并使用 break 语句终止循环。

（5）11 行，若循环正常结束而没有被 break 语句终止，即表示输入的单词中没有重复，将执行 for 循环的 else 语句，输出“没有重复单词”的结果信息。

（6）改造程序，利用 set 集合中的元素无重复的特点，设计一种更为简洁的程序。程序中使用 set(ls_txt)函数，将输入单词的列表 ls_txt 转换为集合类型，由于集合中的元素不能重复，所以转换的结果中去掉了重复的单词。然后利用 len()函数判断原来的单词列表和转换后的单词集合的长度是否相等，如果相等，则说明没有去掉单词，即没有重复单词。利用 set 集合这种组合数据类型的没有重复元素的特点，可以在特定的场景中设计简单明了的程序。

```
#code0505-2.py
txt=input("请输入一段文字,以逗号分隔：")
ls_txt=txt.split(',')
st_txt=set(ls_txt)
if len(ls_txt)==len(st_txt):
    print("没有重复单词")
else:
    print("有重复单词")
```

6. 下面是一个图书的单价表，存储在 book.csv 文件中，按顺序依次输入每种图书的购买数量（以空格分隔），根据表 5-1 计算应付的总费用，精确到小数点后一位。

表 5-1　　图书单价表

书名	单价（元）
计算机基础	28.9
数据结构	32.6
Python 程序设计	35.8
C++程序设计教程	78
编译原理	26.8
操作系统	44
计算机网络	56
JAVA 程序设计	65

```
01 #code0506.py
02 #打开文件 book.csv，读取所有行，存储为列表 books
03 with open("book.csv","r") as f:
04     items=f.readlines()
05 books=[]
06 for line in items:
07     line=line.replace("\n","")
08     books.append(line)
09 #输入购买数量，存储在列表 amount 中
10 amount=input("请输入每种图书的购买数量，以空格分隔：").split()
11 #根据索引访问列表 books 的每个元素的单价和对应的列表 amount 中的数量，计算乘积，并将乘积求和
12 sum=0
13 for i in range(len(books)):
14     sum+=eval(books[i].split(',')[1])*int(amount[i])
15 print("应付总费用{:.1f}元".format(sum))
```

解析

（1）组合数据类型的元素可以是不变数据类型，如整数、浮点数、字符串；也可以是其他组合数据类型。本例中，列表 books 的元素也是列表。

（2）03 行、04 行，打开文件 book.csv，并读取所有行，将每行作为一个元素，以列表的形式保存在 items 中。由于 csv 文件将表格以逗号作为分隔符进行保存，并且 items 中的每个元素存储表格的一行，所以 items 的每个元素形式为：'计算机基础,28.9\n'，元素类型为字符串，包括以逗号分隔的书名和单价，并在单价后附有一个换行符“\n”。文件操作在后续的章节中会详细介绍。

（3）05 行，定义一个空列表 books。06～08 行，遍历 items 列表的每个元素，使用 replace()方法将每个字符串中的转义字符\n 替换为空字符串，然后将其添加到列表 books 中。books 列表最终存储了所有的书籍名称和单价信息，列表中的每个元素都是字符串，字符串的值是用逗号分隔的书籍名称和单价。

（4）10 行，输入每种图书的购买数量，用 split()函数分隔后存储在列表 amount 中。

（5）13 行、14 行，利用索引访问图书列表 books 的每个元素的单价和对应的 amount 列表中的数量，求出购买所有图书应付的总费用。

7. 输入学生的学号和 3 门课程成绩，存储在字典中，按学号升序输出学号和总成绩。

```
#code0507.py
students={}
```

```
03 while True:
04     number=input("请输入学号：")
05     scores=[]
06     chi,eng,math=eval(input("请输入 3 门课程成绩，以逗号分隔："))
07     scores.append(chi)
08     scores.append(eng)
09     scores.append(math)
10     students[number]=scores
11     x=input("是否继续输入(y:是，n：否)：")
12     if x=='n':
13         break
14 count=students.copy()
15 for number,scores in count.items():
16     count[number]=sum(scores)
17 for number in sorted(count.keys()):
18     print("学号：{}　总成绩：{}".format(number,count[number]))
```

解析

（1）02 行，定义空字典 students，用于存储学生学号和对应的 3 门课程成绩。

（2）03 行到 13 行，使用 while True 循环，接收用户的输入，并存入字典 students 中。输入一个学生的学号和成绩之后，在 11 行给出是否继续输入的提示，若用户选择不继续输入，则使用 break 语句退出循环。

（3）05 行，定义空列表 scores，用于存储每个学生的 3 门课程成绩。06 行，输入学生成绩。07～09 行，使用列表的 append()方法将 3 门课程成绩依次添加到列表 scores 中。10 行，在字典 students 中添加一个 number 和 scores 键值对，作为字典 students 的一个元素。

（4）14 行，copy()函数复制字典 students 为字典 count。

（5）15 行，遍历字典的所有元素。16 行，将字典 count 的每个键（即学生学号）对应的值修改为总成绩，这里 sum(scores)函数计算 scores 列表中各元素的和。

（6）获取字典元素时，获取顺序是不确定的，为了按学号升序返回元素，17 行中 sorted(count. keys())对 count 字典的所有键进行排序，返回按学号升序排列的键列表，并使用 for 循环遍历学号升序列表的每个元素。在 18 行输出学号，以及字典 count 中与以学号作为键相匹配的值，即该学生的总成绩。

8. 输入一组 10 个整数，存放在列表 numbers 中，计算这组数的和、平均值、方差。

```
#code0508.py
numbers=[]
sum=0
d=0
for i in range(10):
    x=int(input("请输入第{}个整数：".format(i+1)))
    numbers.append(x)
for k in range(10):
    sum+=numbers[k]
average=sum/len(numbers)
for m in range(10):
    d+=pow(numbers[m]-average,2)
print("这组数的和为{},平均值为{}，方差为{}".format(sum,average,d))
```

解析

（1）对一组数据进行存储和处理是组合数据类型重要的应用。本例及之后的例题演示了利用组合数据类型对数据序列进行处理的一般方法。

（2）02 行定义的空列表 numbers 用来保存输入的 10 个整数；03 行中的变量 sum 用来保存 10 个数的和；04 行中的变量 d 用来保存方差。

（3）05 行～07 行，for 循环执行 10 次，每次输入 1 个整数，保存在列表 numbers 中。

（4）08 行、09 行，for 循环遍历列表 numbers 中的每个数 numbers[k]，相加求和。循环中变量 k 的取值对应列表中每个元素的索引，根据索引访问列表元素。

（5）10 行，计算平均值，len(numbers)函数返回列表的长度，即列表中元素的个数。

（6）11 行、12 行，for 循环再次遍历列表的每个元素，计算方差 d。

9. 一个小球从 100 米的高度自由落下，每次落地后反弹回原高度的一半，然后再落下，求它在第 10 次落地时，共经过多少米？第 10 次反弹的高度为多少？

```
01 #code0509.py
02 distance=[]
03 height=[]
04 h=100
05 for i in range(1,11):
06     if i==1:
07         distance.append(h)
08     else:
09         distance.append(h*2)
10     h=h/2
11     height.append(h)
12 print("第 10 次落地时，共经过{0:.2f}米".format(sum(distance)))
13 print("第 10 次反弹高度{0:.2f}米".format(height[-1]))
```

解析

（1）这是一道经典题目，可以直接采用变量累加每次落地时经过的距离和反弹的高度。而本例中采用了列表这一组合数据类型来分别存储每次落地时经过的距离和每次反弹的高度，程序清晰、易于理解。

（2）在 for 循环中，将除第一次外每次落地时经过的距离，即 h*2 保存在列表 distance 中；将每次反弹的高度，即 h/2 保存在列表 height 中。

（3）12 行，sum()函数计算列表中元素的和。

（4）13 行，height[-1]为列表的最后一个元素，即最后一次反弹的高度。

（5）本题不是必须用组合数据类型处理，但使用组合数据类型后，更好地模拟了小球的运动状态。

10. 每一本正式出版的图书都有一个 ISBN 号码与之对应，ISBN 码包括 9 位数字、1 位识别码和 3 位分隔符，其规定格式为“x-xxx-xxxxx-x”，其中“-”为分隔符，最后一位编码为识别码。识别码的计算方法如下。

首位数字乘以 1，加上次位数字乘以 2……以此类推，用所得的结果除以 11，所得的余数即为识别码，如果余数为 10，则识别码为大写字母 X。

编写程序，判断输入的 ISBN 号码中的识别码是否正确，如果正确，输出“正确”；如果错误，则输出正确的 ISBN 码。

```
#code0510.py
isbn=list(input("请输入 ISBN 号码："))
total=0
```

```
04 i=1
05 for m in range(len(isbn)-1):
06     if isbn[m]!='-':
07         total+=int(isbn[m])*i
08         i+=1
09 remainder=total%11
10 if remainder==10:
11     remainder='X'
12 else:
13     remainder=str(remainder)
14 if remainder==isbn[-1]:
15     print("正确")
16 else:
17     isbn[-1]=remainder
18     for code in isbn:
19         print(code,end="")
```

解析

（1）本题的设计思想是把输入的 ISBN 号码中的每个编码提取出来，保存在列表中，遍历列表元素，根据算法计算识别码。

（2）02 行，list()函数将输入的字符串转换为列表 isbn，列表的每个元素即为字符串中的每个字符，且顺序与字符串中字符的顺序一致。

（3）04 行，变量 i 对应 ISBN 号码中数字编码的序号，计算识别码时，将第 i 个数字与 i 相乘。

（4）05 行～08 行，for 循环遍历 isbn 列表中除最后一个字符以外的其他字符，如果不是分隔符，则为数字字符，将第 i 个数字字符与 i 相乘，并将乘积累加到 total 上，然后将 i 增加 1，标识数字编码的序号。

（5）09 行，计算 total 除以 11 的余数 remainder，如果余数为 10，则将 remainder 赋值为字母“X”；否则将 remainder 由整数类型转换为字符串类型。

（6）14 行，如果计算得到的余数 remainder 与列表 isbn 的最后一个字符（识别码）相同，则输出“正确”；否则，将 isbn 中的最后一个字符替换为正确的识别码 remainder，并输出正确的 ISBN 号码。

11. 利用选择法排序，将一个列表中的 10 个数按从小到大的顺序排列。

```
#code0511.py
N=10
numbers=[]
for i in range(N):
    numbers.append(eval(input("请输入一个数字：")))
print(numbers)
for i in range(N-1):
    min=i
    for j in range(i+1,N):
        if numbers[j]<numbers[min]:
            min=j
    numbers[i],numbers[min]=numbers[min],numbers[i]
print(numbers)
```

解析

（1）对于 n 个数，选择法排序的基本思想是，求出第 i+1 个数到最后一个数中的最小值，将最小值与第 i 个数互换。选择法排序的每次循环，都使一个数放置在正确的位置。

（2）07 行，for 循环遍历列表 numbers 中的每个元素，但最后一个元素除外，因为选择法排序中最后一个元素不需要比较。

（3）08～11 行，找出第 i+1 个数到最后一个数中的最小值，记录最小值的索引，赋值给变量 min。循环结束后，12 行，将第 i 个数 numbers[i]与最小值 numbers[min]互换，则索引 i 位置的数字为正确排序后的结果。

12. 求一次考试中谁考了第 *k* 名。假设考试中每个学生的成绩都不相同，输入每个学生的学号和成绩，输出第 *k* 名学生的学号和成绩。

```
01 #code0512.py
02 scores=[]
03 n=int(input("请输入学生人数："))
04 for i in range(n):
05     item=input("请输入学生学号和成绩，以空格分隔：").split()
06     scores.append(item)
07 print("输出所有学生信息：")
08 for i in range(n):
09     print("{}:{}".format(scores[i][0],scores[i][1]))
10 #冒泡排序
11 for i in range(n-1):
12     flag=1
13     for j in range(n-i-1):
14       if int(scores[j][1])<int(scores[j+1][1]):
15           scores[j],scores[j+1]=scores[j+1],scores[j]
16           flag=0
17     if flag:
18        break
19 k=int(input("您想知道第几名学生成绩："))
20 print("第{}名学生：学号 {} 成绩 {}".format(k,scores[k-1][0],scores[k-1][1]))
```

解析

（1）本例将输入的学号和成绩作为一个元素保存在列表中，然后按照每个元素的成绩从大到小的顺序，对列表进行排序，输出索引为 k-1 的元素，即为考了第 k 名的学生信息。

（2）02～06 行，输入学生的学号和姓名，作为一个元素保存在列表 scores 中。由于需要对数据进行排序，因此这里选择了列表作为保存多个数据元素的组合数据类型，而不能使用无序组合数据类型。

（3）07～09 行，遍历列表 scores，输出所有学生信息。

（4）11～18 行，采用冒泡排序方法，对 scores 列表中的数据按照成绩从大到小的顺序进行排序。冒泡排序的基本原理如下。

比较两个相邻的元素，如果前一个元素比后一个元素大，则将这两个元素交换。

重复比较每一对相邻元素，直到最后一对，则最后一个元素将是所有元素的最大值。

针对每个元素重复上述步骤，最后一个元素除外，比较次数为 n-1 次。

本例使用了冒泡排序的改进方法，比较两个相邻的元素时，如果前一个元素比后一个元素小，则将这两个元素交换，最终使得数据序列降序排列。

（5）冒泡排序中，两元素的比较重复地进行，直到一轮比较中没有相邻元素需要交换时为止，此时说明该数据序列已经排序完成。本例中标志位 flag 即标识一轮比较中是否有元素交换，如果没有则置 flag 为 1，并使用 break 语句退出循环，结束排序。

（6）输出有序的 scores 列表中的第 k-1 个元素，即为第 k 名的学生。

13. 计算一个 $n \times n$ 矩阵的对角线元素之和。

```
01 #code0513.py
02 a=[]
03 sum=0
04 n=eval(input("请输入 n*n 矩阵维度："))
05 for i in range(n):
06     a.append([])
07     for j in range(n):
08         a[i].append(eval(input("请输入矩阵第{}行第{}列元素：".format(i+1,j+1))))
09 print("输出矩阵：")
10 for i in range(n):
11     for j in range(n):
12         print(a[i][j],end="\t")
13     print()
14 for i in range(n):
15     sum+=a[i][i]
16 print("对角线元素的和为：{}".format(sum))
```

解析

（1）本例采用二维列表存储矩阵，再将对角线元素累加求和。创建二维列表有多种方法，本例使用二重循环创建二维列表，典型结构如下。

```
nums = []          #二维列表声明
rows = eval(input("输入行数："))
columns = eval(input("输入列数："))
for row in range(rows):
  nums.append([])
  for column in range(columns):
    # 向列表中添加数据
print(nums)    #输出二维列表
```

也可以使用后面介绍的 numpy 库中的 numpy.zeros()或 numpy.ones()等函数创建多维列表。

（2）02 行，定义空列表 a，用于存储整个矩阵，a 的每个元素仍为列表，表示矩阵的一行。

（3）05～08 行，输入 n*n 矩阵的所有元素，存储在列表 a 中。05 行，for 循环中 i 变量控制矩阵的行数；06 行，在列表 a 中再添加一个空列表，用于存储矩阵的一行；07、08 行，输入第 i 行的元素。

（4）10～13 行，输出矩阵 a。

（5）14、15 行，计算矩阵对角线元素 a[i][i]的和。

5.3　问题与思考

1. 简述序列类型的定义及通用操作方法。
2. 举例说明遍历字典的几种方法。

解答

1. 序列是具有先后关系的一组元素，元素类型可以相同，也可以不同。序列元素由序号引导，通过索引访问序列的特定元素。序列是一个基类类型，具体的序列类型的对象包括字符串类型、元组类型和列表类型等。序列类型通用的操作符包括 in、not in、+、*，还可以完成索引和切片操作。序列类型通用的操作函数或方法包括 len()、min()、max()、index()、count()等。

2. 字典是键值对的集合，键值对之间无序。键值对是键（索引）和值（数据）的映射，字典中键不允许重复。遍历字典可以通过遍历 key 值、遍历 value 值、遍历字典项实现。

（1）遍历 key 值，使用 keys()方法返回字典的键序列。

```
d={'a':99,'b':88,'c':77,'d':66}
for key in d.keys():
    print("{}:{}".format(key,d[key]))
```

其中 for key in d.keys()等价于 for key in d。

（2）遍历 value 值，使用 values()方法返回字典的值序列。

```
d={'a':99,'b':88,'c':77,'d':66}
for value in d.values():
    print(value)
```

（3）遍历字典项，使用 items()方法返回字典的键值对序列。

```
d={'a':99,'b':88,'c':77,'d':66}
for key,value in d.items():
    print("{}:{}".format(key,value))
```

5.4 习题与解答

1. 选择题

（1）以下关于组合数据类型的描述，正确的是（　　）。

A. 集合类型中的元素是有序的

B. 序列类型和集合类型中的元素都是可以重复的

C. 利用组合数据类型可以将多个数据用一个类型来表示和处理

D. 一个字典类型变量中的关键字需要是同一类型的数据

（2）以下关于列表操作的描述，**错误**的是（　　）。

A. append()方法可以向列表添加元素

B. extend()方法可以将另一个列表中的元素逐一添加到列表中

C. insert(index,object)方法在指定位置 index 前插入元素 object

D. add()方法可以向列表添加元素

（3）已知 x=[1,2,3]，执行语句 x.append(4)之后，x 的值是（　　）。

A. [1,2,3,4]　　B. [4]　　C. [1,2,3]　　D. 4

（4）已知 x= [1,2]，y= [3,4]，那么 x+y 的结果是（　　）。

A. 3　　B. 7　　C. [1,2,3,4]　　D. [4,6]

（5）已知 x= [1,2,3,4,5,6,7]，那么 x.pop()的结果是（　　）。

A. 1　　B. 4　　C. 7　　D. 5

（6）sum([i*i for i in range(3)])的计算结果是（　　）。

A. 3　　B. 5　　C. 14　　D. 语法错误

（7）以下程序的输出结果是（　　）。

```
ls=["蟾蜍","龟","鳄鱼","蜥蜴","海豹"]
ls.remove("海豹")
str=""
print("两栖动物有",end="")
for s in ls:
    str=str+s+","
print(str[:-1],end="。")
```

A. 两栖动物有蟾蜍,龟,鳄鱼,蜥蜴,海豹

B. 两栖动物有蟾蜍,龟,鳄鱼,蜥蜴,海豹。

C. 两栖动物有蟾蜍,龟,鳄鱼,蜥蜴

D. 两栖动物有蟾蜍,龟,鳄鱼,蜥蜴。

（8）以下关于字典的描述，**错误**的是（　　）。

A. 字典中元素以键信息为索引访问　　B. 字典长度是可变的

C. 字典是键值对的集合　　D. 字典中的键可以对应多个值信息

（9）遍历一个由单词组成的列表，遍历时将每个单词保存在变量 word 中。定义一个字典 counts={}，下面的代码用于统计单词出现的次数，正确的选项是（　　）。

A. counts[word] = count[word] +1　　B. counts[word] = 1

C. counts[word] = count.get(word,1) +1　　D. counts[word] = count.get(word,0) + 1

（10）以下代码段的输出结果是（　　）。

```
ls=["北京","上海","广州","重庆","武汉"]
x="上海"
print(ls.index(x,0))
```

A. 0　　B. 1　　C. −3　　D. −4

（11）以下代码段的输出结果是（　　）。

```
ls1=['abc',['123','456']]
ls2 = ['1','2','3']
print(ls1>ls2)
```

A. True　　B. TypeError: '>' not supported between instances of 'list' and 'str'

C. 1　　D. False

（12）以下程序的输出结果是（　　）。

```
for i in reversed(range(10,0,-2)):
    print(i,end=" ")
```

A. 0 2 4 6 8 10　　B. 2 4 6 8 10　　C. 12345678910　　D. 9 8 7 6 5 4 3 2 1 0

（13）以下代码段的输出结果是（　　）。

```
ls1=[1,2,3,4]
ls2=ls1.reverse()
print(ls2)
```

A. [4, 3, 2, 1]　　B. [3, 2, 1]　　C. [1,2,3,]　　D. None

（14）以下程序的输出结果是（　　）。

```
d={"Chen":"Beijing","Smith":"Guangzhou","Natan":"Shanghai"}
```

```
for m in d:
    print(m,end="")
```

A. BeijingGuangzhouShanghai　　B. Chen:Beijing Smith:Guangzhou Natan:Shanghai

C. "Chen""Smith""Natan"　　D. ChenSmithNatan

（15）关于 Python 序列类型的通用操作符和函数，以下选项中描述**错误**的是（　　）。

A. 如果 x 不是 s 的元素，x not in s 返回 True

B. 如果 s 是一个序列，s=[1,"python",True]，s[3]返回 True

C. 如果 s 是一个序列，s=[1,"python",True]，s[–1]返回 True

D. 如果 x 是 s 的元素，x in s 返回 True

（16）下面代码的输出结果是（　　）。

```
d ={"大海":"蓝色", "天空":"灰色", "大地":"黑色"}
print(d["大地"], d.get("大地", "黄色"))
```

A. 黑色 黄色　　B. 黑色 黑色　　C. 黑的 灰色　　D. 黑色 蓝色

（17）以下选项中**不能**生成一个空字典的是（　　）。

A. {}　　B. dict([])　　C. {[]}　　D. dict()

（18）下面代码的输出结果是（　　）。

```
a = [5,1,3,4]
print(sorted(a,reverse = True))
```

A. [1, 3, 4, 5]　　B. [5, 1, 3, 4]　　C. [5, 4, 3, 1]　　D. [4, 3, 1, 5]

（19）关于 Python 的元组类型，以下描述**错误**的是（　　）。

A. 元组中元素必须是相同类型

B. 元组一旦创建就不能被修改

C. Python 中元组采用逗号和圆括号来表示

D. 一个元组可以作为另一个元组的元素，可以采用多级索引获取信息

（20）关于 Python 组合数据类型，以下选项中描述**错误**的是（　　）。

A. 组合数据类型可以分为 3 类：序列类型、集合类型和映射类型

B. 序列类型是二维元素向量，元素之间存在先后关系，通过序号访问

C. Python 的 str、tuple 和 list 类型都属于序列类型

D. Python 组合数据类型能够将多个同类型或不同类型的数据组织起来，通过单一的表示使数据操作更有序、更容易

2. 编程题

（1）计算两个一维向量的内积。从键盘接收一个整数 *n*，作为一维向量的长度；然后输入 *n* 个整数，以英文逗号隔开，保存为一个向量 *x*；用同样的方法输入 *n* 个整数并保存为向量 *y*。计算并输出两个向量对应元素的乘积的和。

（2）打开一个内容为英文的文本文件，假设文件中的标点只有句号、逗号、叹号和问号，统计输出文章中长度最长的前 5 个单词及其长度。

（3）学校要选取一部分同学参与一项问卷调查，通过生成 *n* 个 1～1000 没有重复的随机整数的方式抽取学生，每个随机整数即是学生学号。请编写程序，输入参与调查的学生人数，按从大到小的顺序输出生成的学生学号。

（4）张三、李四、王五、赵六等 4 人参加一个棋类比赛，共比赛 20 场，每场比赛只有一个获

胜者。列表 ls 如下，该列表记录每场比赛获胜者的姓名。

```
ls=["张三","张三","李四","王五","张三","李四","赵六","李四","张三","王五","张三","王五","李四","李四","李四","赵六","张三","张三","李四","张三"]
```

输出所有参赛者的姓名和获胜场数，输出结果按获胜场数升序排序。

（5）由于黑客入侵，林林在一些网站注册的账号、密码、E-mail 信息遭到泄露。林林在这些网站注册的用户名不一定相同，但注册时使用了相同的 E-mail。现在这份泄露数据保存在文件 account.csv 中，文件包括 3 列，依次是用户名、密码、E-mail。编写程序，帮助林林根据这份文件中的 E-mail 找到他的账户，然后更改密码，并在屏幕上显示。更改规则为：英文字母小写和大写交换，非英文字符保持不变。

（6）某部门要为其 50 名员工制作员工卡，卡号以 8112019 开头，后面 3 位依次是 001、002、003……050，每个卡号的默认初始密码为“000000”，生成关于卡号的字典，输出卡号和密码信息，格式如下：

```
卡号          密码
8112019001    000000
8112019002    000000
......
```

（7）实现某系统的会员管理功能。会员管理功能包括添加会员信息、删除会员信息和查看会员信息。会员信息只有账号和密码两项，分别存放在两个列表中，以相同的索引标识同一个用户。

（8）模拟实现一个购物车的程序。定义一个商品列表 products。

```
products=[['空调',7888],['计算机',12900],['耳机',549],['咖啡',31],['跑步鞋',890],['书籍',40]]
```

products 列表的每个元素仍为列表，内容包括商品名称和单价。用户输入要购买的商品的序号及购买数量，将购买的商品的名称、单价和数量作为一个元素存入购物车列表中。程序输出购物车信息以及需付款的总额。

（9）定义一个列表 stus，列表 stus 中的每个元素是包括学号、语文成绩、数学成绩、英语成绩的字典类型，列表数据如下。

```
stus=[{'sid':'102','Chinese':90,'Math':80,'English':70},{'sid':'103','Chinese':76,'Math':89,'English':88},{'sid':'101','Chinese':95,'Math':91,'English':65}]
```

提取列表 stus 中的数据，放到字典 courses 中，按学号从大到小的顺序输出 courses 内容，输出形式如下。

```
103:[76,89,88]
102:[90,80,70]
101:[95,91,65]
```

（10）统计缺席人员。某会议有 30 名人员报名，名单在 name.csv 文件中，保存在文件的第一列。会议的考勤数据由文件 present.csv 给出，文件包括 3 列，从左到右依次是姓名、性别、工作单位。编写程序，输出缺席会议的人员的姓名。

（11）输入 10 个数，输出其中第几个数最大以及最大值。

（12）输入一组数据保存在列表中，不使用 reverse()方法，将列表中的元素逆序输出。

（13）编写程序，模拟数据压缩中的行程长度压缩方法。行程长度压缩的方法是，对一个待压缩的字符串而言，依次记录每个字符及重复的次数，例如，待压缩字符串为"AAABBBBCBB"，则压缩的结果是(A,3)(B,4)(C,1)(B,2)。现要求根据输入的字符串，得到压缩后的结果（字符串不区分大小写，即所有小写字母均可视为相应的大写字母）。

（14）有一个已经按从小到大的顺序排好序的数字列表，现输入一个数字，插入列表后，使得列表依然有序。输出插入数字后的列表。

（15）某比赛的初赛采用差额录取，录取分数线根据计划录取人数的150%划定，即如果计划录取 n 人，则录取分数线为排名第 $n\times150\%$（向下取整）名选手的分数，分数不低于录取分数线的选手均被录取，如果分数等于录取分数线的选手有多个，则多个选手均被录取。编写程序，输入报名选手人数、计划录取人数、每个报名选手的编号和分数，输出最终录取的选手的编号。

（16）输入两个 $n\times n$ 矩阵，将对应位置的数据相加，得到一个新的 $n\times n$ 矩阵，输出结果矩阵。

参考答案

1. 选择题

C　D　A　C　C　　B　D　D　D　B

A　B　D　D　B　　B　C　C　A　B

2. 编程题

（1）

```
n=eval(input("请输入向量的长度："))
x=input("请输入 x 向量的{}个整数，以英文逗号分隔:".format(n)).split(',')
y=input("请输入 y 向量的{}个整数，以英文逗号分隔:".format(n)).split(',')
sum=0
for i in range(n):
    sum+=int(x[i])*int(y[i])
print("x 和 y 的内积是：{}".format(sum))
```

（2）

```
article=open("file.txt","r").read()     #打开文件 file.txt 并读取其中的内容
article=article.lower()                 #将文件字符转换为小写
for ch in ",.!?":
    article=article.replace(ch," ")     #将文章中的标点替换为空格
words=article.split()      #以空格为分隔符将字符串形式的文件分隔为单词列表

counts={}              #定义空字典，用于存放单词和长度的键值对
for word in words:     #遍历列表中的每个单词
    if word not in counts.keys():   #如果单词不在字典中
        counts[word]=len(word)      #在字典中添加单词和长度的键值对
words_ls=list(counts.items())       #将字典转换为列表以便于排序
words_ls.sort(key=lambda x:x[1],reverse=True)    #对列表按照单词的长度降序排序

for i in range(5):                 #输出长度最长的前 5 个单词及其长度
    word,length=words_ls[i][0],words_ls[i][1]
    print("{}:{}".format(word,length))
```

（3）

```
import random
n=int(input("请输入参与调查的学生人数："))
stuNumbers=[]      #定义一个空列表，用于存储生成的学号
i=1
while i<=n:
    randomNum=random.randint(1,1000) #生成一个 1～1000 的随机整数
    if randomNum not in stuNumbers:  #如果生成的随机整数不在学号列表中
        stuNumbers.append(randomNum)  #将随机数添加到学号列表中
        i+=1
stuNumbers.sort(reverse=True)        #对学号列表排序
print(stuNumbers)
```

（4）

```
ls=["张三","张三","李四","王五","张三","李四","赵六","李四","张三","王五",\
    "张三","王五","李四","李四","李四","赵六","张三","张三","李四","张三"]
d={}
for name in ls:
    d[name]=d.get(name,0)+1
result=list(d.items())
result.sort(key=lambda a:a[1])
for k in range(len(result)):
    name,number=result[k]
    print("姓名：{} 获胜场次:{}".format(name,number))
```

（5）

```
#读取文件
with open("account.csv","r") as f:
    items=f.readlines()
#将密码和账号存入列表
accounts=[]
for line in items:
    line=line.replace("\n","")
    accounts.append(line.split(',')) #列表的每个元素是一个包含用户名、密码和账号的列表
email=input("请输入 email：")
flag=0
#遍历列表中的每个账户
for account in accounts:
    if account[2]==email:  #根据电子邮件查找需要修改的账户
        print("问题账户：{} 原密码：{}".format(account[0],account[1]))
        account[1]=account[1].swapcase()         #更改账户密码
        print("修改成功,账户：{}的新密码为：{}".format(account[0],account[1]))
        flag=1   #设定标志，表示找到并修改了账户密码
if flag==0:      #没有找到对应账户
    print("没有找到对应的账户信息")
```

（6）

```
card_id=[]
for i in range(1,51):
```

```
        card_id.append("8112019%.3d"%i)    #生成 50 个卡号，添加到列表 card_id 中
    card={}.fromkeys(card_id,"000000")     #创建新字典，以 card_id 中的元素为键，以"000000"为所有键的初值
    print("卡号\t\t 密码")                  #输出表头
    for key,value in card.items():         #遍历字典，按格式输出
        print("%s\t%s"%(key,value))
```

（7）

```
    users=[]
    passwords=[]
    print('''
    管理功能:
    1.添加会员信息
    2.删除会员信息
    3.查看会员信息
    4.退出
    ''')
    while True:
        choice=input("请输入您选择的功能序号：")
        if choice=='1':
            print("添加会员信息".center(30,'*'))
            uname=input("请输入会员账号：")
            if uname in users:
                print("用户{}已存在".format(uname))
            else:
                upsw=input("请输入密码：")
                users.append(uname)
                passwords.append(upsw)
                print("{}会员添加成功".format(uname))
        elif choice=='2':
            print("删除会员信息".center(30,'*'))
            uname=input("请输入删除的会员账号：")
            if uname not in users:
                print("会员不存在")
            else:
                index=users.index(uname)     #获取会员账号在列表 users 中的索引 index
                upsw=passwords[index]        #根据索引获取账号对应的密码
                users.remove(uname)          #从 users 列表中删除会员账号
                passwords.remove(upsw)       #从 passwords 列表中删除密码
                print("删除成功")
        elif choice=='3':
            print("查看会员信息".center(30,'*'))
            for i in range(len(users)):      #根据索引遍历两个列表，获取账号及对应的密码
                print("账号：{},密码：{}".format(users[i],passwords[i]))
        elif choice=='4':
            break
        else:
            print("请输入正确的功能序号")
```

（8）

```
products=[['空调',7888],['计算机',12900],['耳机',549],['咖啡',31],['跑步鞋',890],['书籍',40]]
shopping_cart=[]
print("----------商品列表----------")
print("序号\t 商品名称\t 单价")
#enumerate()函数返回列表 products 的元素，将列表组合为包括下标和列表元素的索引序列，start 给出下标的起始值
for i,p in enumerate(products,start=1):
    print("{}\t{}\t{}".format(i,p[0],p[1]))
while True:
    i=int(input("请选择购买的商品的序号："))
    n=int(input("请输入购买数量："))
    p=products[i-1]
    p.append(n)                        #取得 products 列表的元素，并在其中添加数量值
    shopping_cart.append(p)            #将商品列表添加到购物车 shopping_cart 中
    choice=input("继续购买吗（y：是，n:否）：")
    if choice=='n':
        break
sum=0
print("----------您购买了如下商品----------")
for p in shopping_cart:
    print("商品名称：{} 单价：{}：数量：{}".format(p[0],p[1],p[2]))
    sum+=p[1]*p[2]
print("需付款的总额：{}元".format(sum))
```

（9）

```
stus=[{'sid':'102','Chinese':90,'Math':80,'English':70},\
    {'sid':'103','Chinese':76,'Math':89,'English':88},\
    {'sid':'101','Chinese':95,'Math':91,'English':65}]
courses={}   #空字典，存放学号和成绩列表的键值对
for m in stus:
    #将字典 stus 的每个元素(sid、Chinese、Math 和 English 的键值对)转换为列表 stu
    stu=list(m.items())
    score=[]                    #定义空列表，用于存储学生的 3 项成绩
    for item in stu:            #遍历 stu 的每个元素，元素类型为元组
        if item[0]=='sid':      #如果元素的第 0 项为'sid'
            key=item[1]         #将元素的第 1 项即'sid'对应的值赋给 key，作为 courses 字典的键
        else:
            #将除'sid'以外的每个元素的第 1 项(即每项成绩)添加到 score 中
            score.append(item[1])
    #将以学号 key 为键、成绩列表 score 为值的键值对添加到 courses 字典中
    courses[key]=score
for sid in sorted(courses.keys(),reverse=True):    #将字典按键(即学号)降序排序输出
    print("{}:{}".format(sid,courses[sid]))
```

（10）

```
present=[]   #定义空列表，保存 present.csv 数据
names=[]     #定义空列表，保存 name.csv 数据
```

```
#将 present.csv 文件的内容保存到列表 present 中，列表的每个元素对应文件的一行
with open("present.csv","r") as f:
    fls=f.readlines()
for each in fls:
    each=each.replace('\n','')
    present.append(each.split(','))     #present 为出席人员数据列表
#将 name.csv 文件内容保存到列表 names 中，列表的每个元素为一个参会者的姓名
with open("name.csv","r") as n:
    nls=n.readlines()
for name in nls:
    name=name.replace('\n','')
    names.append(name)      #names 为报名会议人员姓名列表
#遍历出席人员数据列表，将出席人员的姓名从 names 中删除
for x in present:
    if x[0] in names:
        names.remove(x[0])
#输出缺席人员的姓名
print("缺席会议的有：")
for x in names:
    print(x,end=" ")
```

（11）

```
ls=[15,24,-3,78,19,-45,1,22,-36,34]
for i in range(len(ls)):
    if i==0:            #如果是第一个数
        max=ls[i]       #将第一个数保存为最大数 max
        max_id=i        #记录该数的索引，即数字在列表中的序号
    elif ls[i]>max:
        max=ls[i]
        max_id=i
print("第{}个数最大，最大值是{}".format(max_id+1,max))
```

（12）

```
ls=[]
flag=True   #循环标志
while flag:
    ls.append(input("请输入列表元素："))
    if input("继续输入吗(y/n)?")=='n':      #n 表示输入结束，设置 flag 为 False，终止循环
        flag=False
print(ls)
n=len(ls)
for i in range(int(len(ls)/2)):
    ls[i],ls[n-i-1]=ls[n-i-1],ls[i]       #列表中第 i 个数与第 n-i-1 个数互换
print(ls)
```

（13）

```
s=input()
a=list(s)             #将输入的字符串转换为列表
t=a[0].upper()        #t 依次为列表中的每个字符(不区分大小写)，初值为列表的第一个字符
g=1                   #g 用于统计 t 连续出现的次数
```

```
for i in range(1,len(a)):
    x=a[i].upper()
    if x==t:
        g+=1      #如果列表当前字符与 t 相同，g 加 1，统计个数
    else:         #列表中出现了与 t 不相同的字符，则一次压缩完毕，输出结果
        print("({},{})".format(a[i-1].upper(),g))
        g=1                  #g 恢复为初始值，用于下一次的压缩统计
        t=a[i].upper()       #t 取列表中下一个不同的字符
print("({},{})".format(a[i].upper(),g))     #输出 for 循环中遗漏的最后一组字符的压缩结果
```

（14）

```
a=[2,5,8,11,25,33,48,61,79,100,'x']    #序列最后一个元素'x'为插入数字的占位符
num=eval(input("请输入要插入的数："))
if num>=a[-2]:   #如果 num 比序列的最大值还要大
    a[-1]=num    #使序列的最后一个数字为 num
else:
    for i in range(len(a)):
        if a[i]>num:     #找到序列中比 num 大的第一个数 a[i]
            for j in range(len(a)-1,i,-1):   #将第 i+1 开始的每个数依次向后移动一个位置
                a[j]=a[j-1]
            a[i]=num     #将 num 插在 a[i]处
            break
print("插入{}以后的数字序列：".format(num))
print(a)
```

（15）

```
import math
scores=[]
m=int(input("请输入报名选手人数："))
n=int(input("请输入计划录取人数："))
for i in range(m):      #输入所有选手的编号和成绩，作为一个元素存储在列表 scores[]中
    item=input("请输入选手的编号和成绩，以空格分隔：").split()
    scores.append(item)
for i in range(m-1):    #冒泡排序，按成绩从大到小的顺序对 scores[]列表中的元素进行排序
    flag=1
    for j in range(m-i-1):
        if int(scores[j][1])<int(scores[j+1][1]):
            scores[j],scores[j+1]=scores[j+1],scores[j]
            flag=0
    if flag:
        break
passscore=int(scores[math.floor(n*1.5)-1][1])    #记录最后一个录取选手的成绩
print("以下选手录取：")
for score in scores:    #将 scores 列表中所有大于等于录取成绩的选手编号输出
    if int(score[1])>=passscore:
        print(score[0],end=" ")
```

（16）

```
n=int(input("输入 n："))
a=b=c=[]
```

```
#输入 a 矩阵
for i in range(n):
    linea=input("请输入 a 矩阵的第{}行，以空格分隔：".format(i+1)).split()
    for j in range(n):
        linea[j]=int(linea[j])    #将字符型数据转换为整型
    a.append(linea)
#输入 b 矩阵
for i in range(n):
    lineb=input("请输入 b 矩阵的第{}行，以空格分隔：".format(i+1)).split()
    for j in range(n):
        lineb[j]=int(lineb[j])
    b.append(lineb)
#计算 c 矩阵
for i in range(n):
    c.append([])
    for j in range(n):
        c[i].append(a[i][j]+b[i][j])
#输出 c 矩阵
for i in range(n):
    print(c[i])
```

第 6 章 用函数实现代码复用

6.1 本章内容概述

使用函数，程序的编写、阅读、调试都将变得更为容易。函数是实现代码复用和程序模块化的重要方式。有些函数是 Python 系统已经定义好的，可直接调用；有些函数则要根据用户的需求进行定义和开发。

本章是全国计算机等级考试二级 Python 的重点，内容与二级 Python 考试大纲一致。

1. 函数的定义和调用

函数使用 def 关键字定义，后接函数名和圆括号。函数名是标识符，圆括号里是参数列表。参数列表可以是空的，也可以有多个参数；参数列表的参数之间用逗号分隔。函数体是实现函数功能的语句组，函数体中的 return 语句用于结束函数，将返回值传递给调用语句。

函数的内部还可以定义函数，构成函数的嵌套定义。

函数的调用使用函数名加上圆括号的形式，圆括号里为传递给函数的实参；对于没有参数的函数，调用时也不能丢掉圆括号。

函数的内部也可以调用其他函数，实现函数的嵌套调用。

2. 函数的参数和返回值

定义函数时，参数列表中的参数称为形参。调用函数时，参数列表中提供的参数称为实参。实参可以是基本类型的数据，也可以是组合类型的数据。函数调用时，默认将实参按位置传递给形参，也可采用赋值参数，按形参的名称传递参数。

默认参数和可变参数是参数传递的特殊形式。定义函数时，可以给函数的形式参数设置默认值，这种参数被称为默认参数。可变参数指的是在函数定义时，声明该参数可以接受任意数量的参数。可变参数的声明方式为在参数名称前加一个星号（*）或者加两个星号（**）。

return 语句用于退出函数，return 后的表达式作为函数的返回值返回给调用语句。不带参数值的 return 语句返回 None。

lambda 函数是 Python 中的匿名函数，是不需要使用 def 关键字定义的函数。lambda 函数一般用于定义简单的、能在一行内表示的函数，返回一个函数类型。

3. 变量的作用域

变量的作用域指的是变量起作用的范围，根据作用域的不同，变量可以分为局部变量和全局变量。局部变量只能在声明它的函数内部访问，而全局变量可以在整个程序范围内访问。

局部变量是函数内部的占位符，可以与全局变量重名，但两者属于不同的变量。函数运算结束后，局部变量将被释放。可以使用 global 关键字在函数内部定义全局变量。

函数外部的局部变量如果为组合数据类型，且在函数内部该组合数据类型变量没有被重新创建时，该变量等同于全局变量。

4. 递归函数

在函数内部调用了自己的函数称为递归函数。递归函数有两个主要的特点：一是待解决的问题需要具有递归关系式，也就是问题存在递归形式的描述，即计算过程存在递归链条；二是需要有递归终止条件，即当满足该条件时，以特殊情况处理，而不需要再次递归，从而使递归结束。

5. Python 内置函数

除了自定义函数，Python 还提供了很多实现各种功能的内置函数。内置函数是指系统提供的可以自动加载、直接使用的函数，内置函数可以简化程序的编写过程，有效减少程序的代码量。

6.2 典型例题分析

1. 给出平面上两个点的坐标，求两点之间的曼哈顿距离。平面上点 A（$x1, y1$）与点 B（$x2, y2$）的曼哈顿距离为：$|x1-x2|+|y1-y2|$。

解析

（1）一种方法是用一般的分支结构解决。下面代码的 04～07 行分别求得|x1–x2|和|y1–y2|的值。

```
01 #code0601-1.py
02 x1,y1=eval(input("输入 A 点坐标，以逗号分隔："))
03 x2,y2=eval(input("输入 B 点坐标，以逗号分隔："))
04 if x1>x2:
05     dx=x1-x2
06 else:
07     dx=x2-x1
08 if y1>y2:
09     dy=y1-y2
10 else:
11  dy=y2-y1
12 print("AB 两点的曼哈顿距离为：",dx+dy)
```

（2）另一种方法是使用自定义函数计算绝对值。

```
01 #code0601-2.py
02 def abs(n):
03     if n>0:
04         return n
05     else:
06         return -n
07 #主程序
08 x1,y1=eval(input("输入 A 点坐标，以逗号分隔："))
09 x2,y2=eval(input("输入 B 点坐标，以逗号分隔："))
10 mht=abs(x1-x2)+abs(y1-y2)
11 print("AB 两点的曼哈顿距离为：",mht)
```

① 02 行～06 行，创建函数 abs()，接收参数 n，计算并返回 n 的绝对值。

② 10 行，主程序中两次调用 abs()函数，分别计算|x1−x2|和|y1−y2|的值。

（3）比较上面两段程序可以发现，使用自定义函数的程序结构清晰，逻辑关系明确，程序可读性强。另外，解决相同问题时可以通过多次调用函数，减少重复代码的编写。

2. 输入 3 个数 a、b、c，按从小到大的顺序输出。

```
01 #code0602.py
02 def swap(a,b):
03     return b,a
04 #主程序
05 x=int(input("输入第 1 个数: "))
06 y=int(input("输入第 2 个数: "))
07 z=int(input("输入第 3 个数: "))
08 if x>y:
09     x,y=swap(x,y)
10 if x>z:
11     x,z=swap(x,z)
12 if y>z:
13     y,z=swap(y,z)
14 print(x,y,z)
```

解析

（1）02 行、03 行，定义函数 swap()，作用是将两参数互换后作为函数返回值返回给调用程序。

（2）08 行、09 行，如果 x>y，则调用 swap()函数，将两数互换，使得 x、y 按从小到大的顺序排列。采用同样的方法进行比较和排列，使得 x、y、z 有序。

（3）swap()函数返回两个值，当 return 语句后有多个值时，返回值的类型为元组。09 行，调用函数得到包含两个元素的元组，将其作为返回值，然后采用赋值语句分别赋值给 x 和 y。

3. 编写程序，计算某班级学生考试的平均分，班级共 10 人，计算平均分时可以根据全部的人数或者根据实际参加考试的人数进行计算。

```
01 #code0603.py
02 def avgScore(scores,n=10):
03     s=0
04     for x in scores:
05         s+=x
06     return s/n
07 #主程序
08 scores=[90,88,76,45,77,95,66,88,91]
09 print("按班级人数计算的平均值: {:.2f}".format(avgScore(scores)))
10 print("按考试人数计算的平均值: {:.2f}".format(avgScore(scores,len(scores))))
```

解析

（1）02 行，定义函数 avgScore()时，参数 n 为默认参数，其默认值为 10。在调用函数 avgScore()时，如果没有传入 n 的实参，则 n 取默认值；如果传入 n 的实参，则函数会使用传递给 n 参数的新值。

（2）函数 avgScore()计算考试成绩的平均分，接收列表类型的参数 scores，遍历列表 scores，计算元素的累加和 s，返回 s/n 的值。

（3）09 行，调用函数 avgScore()时，参数只给出了保存成绩的列表 scores，则函数使用 n 的默认值 10 进行计算。

（4）10 行，调用函数 avgScore()时，参数给出了成绩列表 scores 和人数（即列表的长度），则函数使用实际人数作为 n 值进行计算。

4. 编写程序，利用可变参数计算一组数的最大值。

```
01 #code0604.py
02 def maxnum(*nums):
03     max=nums[0]
04     for i in range(1,len(nums)):
05         if nums[i]>max:
06             max=nums[i]
07     return max
08 #主程序
09 print(maxnum(-1,34,-9,56))
10 print(maxnum(1,4,6,95,3,78))
```

解析

（1）02 行，函数 maxnum()使用了可变参数。可变参数指的是在函数定义时，该参数可以接收任意个数的参数，可变参数一般在参数名称前加星号。def maxnum(*nums)的定义中，nums 为可变参数，接收的参数以元组的形式保存。

（2）函数 maxnum()中，可变参数 nums 为元组，保存传入的一组数值。程序遍历参数 nums，计算其中的最大值，保存在变量 max 中，并将 max 作为函数返回值传递给调用程序。

（3）09 行、10 行，两次调用 maxnum()函数，给出的实参个数均不相同，函数均可以正确处理。

5. 定义一个保证输入为整数的函数。程序中经常会有要求用户输入整数的需求，但用户未必一定输入整数。为了保证输入数据的准确性，编写函数将输入数据进行如下处理：如果用户输入的是整数，则直接输出整数并退出；如果用户输入的不是整数，则要求用户重新输入，直至用户输入整数为止。

```
01 #code0605.py
02 def getIntInput():
03     try:
04         txt=input("请输入一个整数：")
05         while eval(txt)!=int(txt):
06             txt=input("请输入一个整数：")
07     except:
08         return getInput()
09     return eval(txt)
10 #主程序
11 int_num=getInput()
12 print("输入的整数为：",int_num)
```

解析

（1）在 getIntInput()函数中，程序采用了 try…except 的异常处理机制。try 语句块中，对输入的非数值数据调用 int()函数可能会产生“ValueError”异常，使用 except 语句可以对异常进行捕获和处理。except 语句中调用了 getIntInput()函数自身，要求用户重新输入，这里采用了函数自我嵌套调用的方法。

（2）05 行，采用循环判断输入的 txt 是否为整数，只要不是整数，就重复执行 06 行的代码，提示用户重新输入。

（3）若用户输入为合法整数，则执行 09 行的代码，返回输入的整数。

6. 定义函数，模拟 Python 内置函数 sorted()的功能。函数接收一个包含若干数值的列表作为参数，返回升序排序后的结果。与内置函数 sorted(ls)功能相同，函数的返回值为排序后的列表，但作为实参的列表 ls 不发生变化。

```
01 #code0606.py
02 def sorted(v):
03     m=v.copy()
04     r=[]
05     for i in range(len(m)):
06         t=min(m)
07         r.append(t)
08         m.remove(t)
09     return r
10 #主程序
11 ls=[11,2,34,41,25]
12 print("排序后的结果: ",sorted(ls))
13 print("原列表不变: ",ls)
```

解析

（1）02 行，定义函数 sorted(v)，该函数在第 12 行被调用，sorted()的形参 v 接收一个待排序的列表 ls 作为实参。

（2）03 行，v.copy()函数复制列表 v，并赋值给变量 m。

（3）04 行，定义空列表 r，用于保存排序后的结果。

（4）05 行～08 行，定义 for 循环，每次循环取得列表 m 中的最小值，赋给变量 t，然后将 t 添加到新列表 r 中，再从 m 中删除 t。for 循环的次数为列表 m 的长度，因此循环将列表 m 中的每个元素按顺序依次移动到列表 r 中。

（5）09 行，将排好序的列表 r 作为返回值返回调用程序。

（6）12 行，调用函数 sorted()得到排序后的结果。13 行，输出原列表 ls，ls 没有变化。

（7）程序的输出结果如下。

```
排序后的结果: [2, 11, 25, 34, 41]。
原列表不变: [11, 2, 34, 41, 25]。
```

（8）若程序采用如下的编写方式，分析执行结果。

```
def sorted(v):
    r=[]
    for i in range(len(v)):
        t=min(v)
        r.append(t)
        v.remove(t)
    return r
#主程序
ls=[11,2,34,41,25]
print("排序后的结果: ",sorted(ls))
print("原列表为空: ",ls)
```

这里，函数中没有复制 v，则列表 ls 作为参数，其作用域为整个程序，函数中对参数 v 所做的改变，等于改变列表 ls，因此程序执行后，列表 ls 中的元素将被全部删除，ls 成为空列表。程序输出结果如下。

排序后的结果：[2, 11, 25, 34, 41]。
原列表为空：[]。

7. 分析下面程序中变量的作用域。

```
01 #code0607.py
02 def addLetter(a):
03     global s
04     s+=1
05     ls.append(a)
06     return
07 #主程序
08 ls=['G','q']
09 s=0
10 while True:
11     x=input("请输入要加入列表的字符：")
12     addLetter(x)
13     if input("继续吗(y/n):")=='n':
14         break
15 print("加入字符后的列表:",ls)
16 print("增加的新元素个数为：",s)
```

解析

（1）08 行，主程序初始化列表 ls。10～14 行，循环输入字符，并调用 addLetter()函数将字符添加到列表 ls 中。程序的最后，输出添加了元素后的列表和列表新添加的元素的个数。

（2）主程序中初始化的列表 ls，在函数 addLetter()中如果没有被重新定义，则列表 ls 作为全局变量，在函数中可以直接访问，并且函数中对全局变量的更改在主程序中依然有效。因此 15 行输出的 ls 是调用函数 addLetter()添加了元素后的结果。

（3）09 行，初始化变量 s=0。03 行，函数 addLetter()中使用 global 显式声明 s 为全局变量，函数每次调用时 s 都会自增 1，而作为全局变量，s 的作用范围为整个程序，因此 s 保存了函数的调用次数，即增加的字符的个数。

（4）函数中的变量默认为局部变量，作用域为函数内部，即使与函数外部变量同名，也不会影响函数外部变量的值。而用 global 声明的变量为全局变量，作用域为整个程序。列表等组合数据类型作为一种特殊的参数，如果在函数内部没有被重新定义，则默认为全局变量。

8. 编写程序，输入一个数组，将其中的最大值与数组的第一个元素交换，将最小值与数组的最后一个元素交换，最后输出数组。

```
#code0608.py
def arr_input(array):
    for i in range(10):
        array.append(eval(input("请输入一个数字：")))
def arr_max(array):
    max=0
    for i in range(1,len(array)):
        if array[i]>array[max]:
            max=i
        array[0],array[max]=array[max],array[0]
    return
def arr_min(array):
    min=0
```

```
    for i in range(1,len(array)):
        if array[i]<array[min]:
            min=i
        array[-1],array[min]=array[min],array[-1]
    return
def arr_output(array):
    for i in range(len(array)):
        print(array[i],end=" ")
    return
#主程序
numbers=[]
arr_input(numbers)
arr_max(numbers)
arr_min(numbers)
arr_output(numbers)
```

解析

（1）这是一个综合的函数应用程序。程序定义了 4 个函数，分别为输入数组函数 arr_input()、将数组最大值与第一个元素互换函数 arr_max()、将数组最小值与最后一个元素互换函数 arr_min()，以及输出数组函数 arr_output()。

（2）主程序依次调用 4 个函数，实现相应功能并输出结果。

（3）本例体现了利用函数进行模块化程序设计的思想，即分而治之，将复杂的程序功能进行合理分解，利用函数来完成独立的功能，这样的程序结构清晰，关系明确。

9. 编写程序，实现因数分解功能。给出一个正整数 a，要求分解成若干个正整数的乘积，即 $a=a_1\times a_2\times a_3\times\cdots\times a_n$，并且 $1< a_1<=a_2<=a_3<=\cdots<=a_n$。输入一个正整数 a，计算并输出按上述要求进行分解的方案有几种。

```
#code0609.py
import math
def resolve(remain,pre):
    global ans
    if remain==1:
        ans+=1
        return
    m=int(math.sqrt(remain))
    for i in range(pre,m+1):
        if remain%i==0:
            resolve(remain/i,i)
    resolve(1,remain)
#主程序
ans=0
a=int(input("请输入一个正整数："))
resolve(a,2)
print("分解方案有{}种".format(ans))
```

解析

（1）在分解正整数 a 的过程中，需要记录剩余的数 remain，为了确保新的因数不比之前的小，还需要记录前一个因数 pre，程序中定义了函数 resolve()完成因数分解，resolve()函数包括两个参数 remain 和 pre，函数返回分解方案的个数 ans。

（2）本例采用了函数的递归调用。递归终止条件为：remain 等于 1 时，完成一次分解，结果

ans 加 1。递归关系式为：当 remain 不等于 1 时，需要确定下一个因数 i，i 的取值范围为 pre 到 int(math.sqrt(remain))，若 i 为 remain 的因数，则递归调用函数 resolve()进行下一次分解，直到因数全部分解完毕。12 行，调用 reslove(1,remain)函数完成分解操作，ans 加 1。

（3）16 行，主程序调用 reslove()函数，将待分解的正整数 a 作为实参传递给函数形参 remain，将最小的因数 2 作为实参传递给函数形参 pre。

（4）04 行，global 声明 ans 为全局变量，其值在整个递归调用期间一直有效，在每次分解完成时累加分解方案的次数。

6.3 问题与思考

1. 简述函数在代码复用和程序模块化设计中的作用。
2. 简述局部变量和全局变量的使用规则。
3. 简述递归函数的要素。

解答

1. 程序代码是一种用来表达计算的资源，函数是对这种资源的抽象化。代码复用是指同一份代码在需要时可以被重复使用。函数对程序代码的抽象，即函数的调用机制实现了代码复用。模块化设计采取的是分而治之的思想，通过函数将程序划分为模块及模块间的表达，使得程序结构清晰，关系明确。

2. 局部变量是函数内部的占位符，可以与全局变量重名，但两者属于不同的变量。函数运算结束后，局部变量将被释放。可以使用 global 关键字在函数内部定义全局变量。

当函数外部的局部变量为组合数据类型，且在函数内部该变量没有被重新创建时，该组合数据类型的变量等同于全局变量。

3. 在函数内部调用了自己的函数称为递归函数。递归函数有两大要素，如下。

（1）递归关系式：问题存在递归形式的描述，即计算过程存在递归链条。

（2）递归终止条件：当满足该条件时，以特殊情况处理，而不需要再次递归，从而使递归结束。

6.4 习题与解答

1. 选择题

（1）Python 中，函数定义可以不包括（　　）。

A. 函数名　　B. 关键字 def　　C. 可选参数列表　　D. 一对圆括号

（2）以下程序的输出结果是（　　）。

```
def func(num):
    num *= 2
x = 20
func(x)
print(x)
```

A. 40　　B. 20　　C. 出错　　D. 无输出

（3）以下程序的输出结果是（　　）。

```
def func(a,*b):
    for item in b:
        a+=item
    return a
m=0
print(func(m,1,1,2,3,5,7,12,21,33))
```

A. 33　　B. 0　　C. 7　　D. 85

（4）关于函数的关键字参数使用限制，以下描述**错误**的是（　　）。

A. 函数定义时，关键字参数必须位于位置参数之前

B. 函数定义时，不得重复定义关键字参数

C. 函数定义时，关键字参数的顺序没有限制

D. 函数定义时，关键字参数的形式是“**kwargs”

（5）以下函数的定义**错误**的是（　　）。

A. def vfunc(*a,b):　　B. def vfunc(a,b):

C. def vfunc(a,*b):　　D. def vfunc(a,b=2):

（6）关于 Python 的 lambda 函数，以下选项中描述**错误**的是（　　）。

A. lambda 函数将函数名作为函数结果返回

B. f = lambda x,y:x+y 执行后，f 的类型为数字类型

C. lambda 用于定义简单的、能够在一行内表示的函数

D. 可以使用 lambda 函数定义列表的排序原则

（7）以下程序实现的功能是（　　）。

```
def fact(n):
    if n==0:
        return 1
    else:
        return n*fact(n-1)
num =eval(input("请输入一个整数: "))
print(fact(abs(int(num))))
```

A. 接收用户输入的整数 n，输出 n 的阶乘值

B. 接收用户输入的整数 n，判断 n 是否是素数并输出

C. 接收用户输入的整数 n，判断 n 是否是水仙花数

D. 接收用户输入的整数 n，判断 n 是否是完数并输出

（8）以下程序的输出结果是（　　）。

```
ab=4
def myab(ab, xy):
    ab=pow(ab,xy)
    print(ab,end=" ")
myab(ab,2)
print(ab)
```

A. 4 4　　B. 16 16　　C. 16 4　　D. 4 16

（9）以下代码的输出结果是（　　）。

```
print(round(0.1 + 0.2,1) == 0.3)
```

A. True　　B. 0　　C. 1　　D. False

（10）以下程序的输出结果是（　　）。

```
d = {}
for i in range(26):
    d[chr(i+ord("a"))] = chr((i+13) % 26 + ord("a"))
for c in "Python":
    print(d.get(c, c), end="")
```

A. Plguba　　B. Cabugl　　C. Python　　D. Pabugl

（11）函数表达式 all([1,True,True])的结果是（　　）。

A. 无输出　　B. False　　C. 出错　　D. True

（12）运行以下代码，从键盘输入 1+2 与 4j，则输出结果是（　　）。

```
x = eval(input())
y = eval(input())
print(abs(x+y))
```

A. 5　　B. 5.0

C. <class 'complex'>　　D. <class 'float'>

（13）以下关于 Python 内置函数的描述，**错误**的是（　　）。

A. hash()函数返回一个可计算哈希类型的数据的哈希值

B. type()函数返回一个数据对应的类型

C. sorted()函数对一个序列类型数据进行排序

D. id()函数返回一个数据的一个编号，跟其在内存中的地址无关

（14）以下代码段，**不会**输出“A，B，C，”的选项是（　　）。

A.

```
for i in range(3):
   print(chr(65+i),end=",")
```

B.

```
for i in [0,1,2]:
   print(chr(65+i),end=",")
```

C.

```
i = 0
while i < 3:
   print(chr(i+65),end= ",")
   i += 1
   continue
```

D.

```
i = 0
while i < 3:
   print(chr(i+65),end= ",")
   break
   i += 1
```

（15）Python 中的函数不包括（　　）。

A. 标准函数　　B. 第三库函数　　C. 参数函数　　D. 内置函数

（16）下面代码的运行结果是（　　）。

```
>>> def func(a,b=4,c=5):
```

```
    print(a,b,c)
>>> func(1,2)
```

A. 1 2 5　　B. 1 4 5　　C. 2 4 5　　D. 1 2 0

（17）下面代码的运行结果是（　　）。其中，选项中的“/”表示换行。

```
def func(x,y,z=1,*arg,**kwarg):
    print(x,y,z)
    print(arg)
    print(kwarg)
func(1,2,3,4,5,m=6)
```

A. 1 2 3/　(4, 5)/ {'m': 6}　　B. 1 2 1/　(4, 5)/ {'m': 6}

C. 1 2 3/　(4, 5)/ {m: 6}　　D. 1 2 1/　(4, 5)/ {'m': 6}

（18）用一行代码计算 1～100 的整数和，正确的选项是（　　）。

A. sum(i for i in range(101))　　B. reduce(lambda x,y:x+y,list(range(1,100)))

C. sum(for i in range(101))　　D. sum(list(range(1,100)))

（19）下面代码的运行结果是（　　）。

```
a,b=3,5
a,b,a=a+b,a-b,a-b
print(a,b)
```

A. −2　−2　　B. 3　5　　C. 5　3　　D. 8 3

（20）下面代码中，正确的是（　　）。

A. True if 3>2 else False　　B. True if 3>2:else False

C. a=5 if 2<3 else a=6　　D. a=5 if 2<3: else a=6

2. 编程题

（1）编写程序，从键盘输入两个数，调用函数 gcd()得到两个数的最大公约数，输出函数调用结果。

（2）给定两个非负整数 m 和 n，编写函数计算组合数 C_n^m。计算组合数的公式是 $C_n^m=n!/(m!\times(n-m)!)$。

（3）定义函数，给定一个由单字符组成的列表，并将其作为函数参数，去除列表中的非数字字符。

（4）编写程序，判断输入的整数是否为质数。程序中定义两个函数，getIntInput()函数用于输入整数，返回正确的输入数据；isPrime()函数，参数为 getIntInput()函数中输入的整数，判断如果是质数，则返回 True，否则返回 False。

（5）编写程序，从键盘输入一个列表，计算并输出列表元素的均方差。计算公式为：

$$方差=[(x_1-x)^2+(x_2-x)^2+\cdots(x_n-x)^2]\div n\ （x\ 为平均数）$$

$$均方差=方差的算术平方根$$

定义必要的函数，使程序结构清晰。

（6）定义函数，实现如下功能：有 n 个整数，使其前面各数的顺序向后移 m 个位置，最后面的 m 个数变成最前面的 m 个数。函数包括 3 个参数，分别是整数列表、数字个数、移动次数。

（7）定义函数，解答下面的问题。有 5 个人坐在一起，问第 5 个人有多少钱？他说比第 4 个人多 20 元。问第 4 个人有多少钱，他说比第 3 个人多 20 元。问第 3 个人，他说比第 2 个人多 20 元。问第 2 个人，他说比第 1 个人多 20 元。最后问第 1 个人，他说是 100 元。请问第 5 个人有多少钱？

（8）定义函数，给出一个正整数，输出该数的数根。数根可以通过把一个数的各个位上的数字加起来得到。如果得到的数是一位数，那么这个数就是数根。如果结果是两位数或者包括更多位的数字，那么就把这些数字加起来。如此进行下去，直到得到的是一位数为止。例如，对 12 来说，把 1 和 2 相加得到 3，由于 3 是一位数，因此 3 是 12 的数根。再如 48，把 4 和 8 加起来得到 12，由于 12 不是一位数，因此还得把 1 和 2 加起来，最后得到 3，这是一个一位数，因此 3 是 48 的数根。

参考答案

1. 选择题

C B D A B B A C A A

D B D D C A A A A A

2. 编程题

（1）

```
#定义函数 gcd()
def gcd(x,y):
    if x<y:
        x,y=y,x
    while x%y!=0:   #计算 x 和 y 的最大公约数
        r=x%y
        x=y
        y=r
    return y   #返回 x 和 y 的最大公约数
#主程序
a=eval(input("请输入第一个整数:"))
b=eval(input("请输入第二个整数:"))
result=gcd(a,b)    #调用函数，得到返回值
print("{}和{}的最大公约数为: {}".format(a,b,result))
```

（2）

```
#定义函数 f(n)，返回 n 的阶乘
def f(n):
    ans=1
    for i in range(1,n+1):
        ans*=i
    return ans
#定义函数 c(n,m)，返回组合数的值
def c(n,m):
    return f(n)/(f(m)*f(n-m))
#主程序
print(c(5,3))
```

（3）

```
#定义函数 digit()
def digit(letters):
    for letter in letters.copy():
        if not letter.isdigit():
            letters.remove(letter)
    return letters
```

```
#主程序
ls=['1','a','b','m','2','?','8','q','9','&']
print(digit(ls))
```

（4）

```
#定义函数 getIntInput()用于输入整数
def getIntInput():
    while True:
        try:
            num=input("请输入一个整数：")
            if eval(num)!=int(num):
                num=input("请输入一个整数:")
            else:
                break
        except:
            pass
    return eval(num)
#定义 isPrime()函数用于质数判断
def isPrime(num):
    if num==1:
        result=True
    for i in range(2,num):
        if num%i==0:
            result=False
            break
        else:
            result=True
    return result
#主程序
n=getIntInput()
if isPrime(n)==True:
    print("{}是质数".format(n))
else:
    print("{}不是质数".format(n))
```

（5）

```
import math
#定义函数 average()计算并返回一组数的平均值
def average(numbers):
    s=0
    for num in numbers:
        s+=num
    return s/len(numbers)
#定义函数 std()计算均方差，参数 numbers 为数字列表，avg 为函数 average()返回值
def std(numbers,avg):
    ss=0
    for num in numbers:
        ss+=(num-avg)**2
    std=math.sqrt(ss/len(numbers))
    return std
#主程序
ls=eval(input("请输入一个列表："))
```

```
print("均方差为：{:.2f}".format(std(ls,average(ls))))
```

（6）

```
#定义函数 movenum()
def movenum(numbers,n,m):          #参数为原始数据列表 numbers,数字个数为 n，移动次数为 m
    end=numbers[n-1]               #保存列表中最后一个数
    for i in range(n-1,-1,-1):     #列表每个元素依次向后移动一个位置
        numbers[i]=numbers[i-1]
    numbers[0]=end                 #将原列表的最后一个元素放置在新列表的第一个位置
    m-=1                           #移动次数减 1
    print(numbers).
    if m>0:                        #如果待移动次数 m 大于 0，则移动没有完成
        movenum(numbers,n,m)       #递归调用 movenum()函数再次移动列表
#主程序
ls=[]
n=int(input("请输入数字个数："))
m=int(input("请输入向后移动的次数："))
for i in range(n):
    ls.append(int(input("请输入一个数字：")))    #构建原始数字列表
print("原始列表：",ls)
movenum(ls,n,m)                 #调用函数完成移动
print("移动后的列表：",ls)
```

（7）

```
#定义函数 money()
def money(n):
    if n==1:
        a=100
    else:
        a=money(n-1)+20       #递归调用 money()函数
    return a
#主程序
print("第 5 个有{}元钱".format(money(5)))
```

（8）

```
#定义函数 digitSum()计算数 m 的根
def digitSum(m):
    s=0
    while m>0:
        s+=m%10
        m=m//10
    if s<10:   #如果 s 是一位数，s 即是数的根
        print("该数的根为：",s)
    else:        #如果 s 不是一位数，递归调用 digitSum()继续计算
        digitSum(s)
#主程序
n=int(input("请输入一个正整数："))
digitSum(n)
```

第 7 章
用类实现抽象和封装

7.1 本章内容概述

全国计算机等级考试二级 Python 考试大纲较少涉及本章的内容，但只是涉及一些对象的概念。本章内容重点掌握面向对象的基础知识。

1. 面向对象的基本概念

面向对象的核心是运用现实世界的概念抽象地思考问题，从而自然地解决问题。面向对象程序设计使得软件开发更加灵活，能更好地支持代码复用和设计复用功能，适用于大型软件的设计与开发。

对象（Object）对应客观世界的事物。将描述事物的一组数据和对数据的操作封装在一起，形成一个实体，这个实体就是对象。具有相同或相似性质的对象的抽象就是**类**（Class）。因此，对象的抽象是类，类的具体化就是对象。

面向对象程序设计的特点可以概括为具有封装性、继承性和多态性。

将数据和对数据的操作组织在一起，定义一个新类的过程就是**封装**（Encapsulation）。**继承**（Inheritance）描述了类之间的关系，在这种关系中，一个类共享了一个或多个其他类定义的数据和操作。

多态（Polymarphism）通常是指类中的方法重载，即一个类中有多个同名（不同参数）的方法，调用方法时，根据不同的参数选择执行不同的方法。Python 不需要方法重载，多态主要发生在继承过程中，当一个类中定义的方法被其他类继承后，可以表现出不同的行为。

2. 创建对象和类

Python 中，使用 class 关键字来声明一个类，语法格式如下。

```
class 类名:
    类的属性(成员变量)
    …
    类的方法（成员方法）
    …
```

类由 3 部分组成。 类名，通常它的首字母大写；属性，用于描述事物的特征；方法，用于描述事物的行为。

在 Python 中，使用如下语法来创建一个对象。

```
对象名=类名()
```

3. 构造方法和析构方法

Python 的类提供了两个比较特殊的方法。名字为__init__()的方法（以下画线“_”开头和结尾）被称为**构造方法**，用于初始化对象的属性。

名字为__del__()的方法是**析构方法**，析构方法与构造方法相反，用来释放对象所占用的资源。当不存在对象的引用时，__del__()方法在 Python 收回对象空间之前自动执行。如果用户未定义析构方法，Python 将提供一个默认的析构方法进行必要的清理工作。

Python 成员方法的第 1 个参数通常命名为 self。self 的意思是对象自身，当某个对象调用成员方法的时候，Python 解释器会自动把当前对象作为第 1 个参数传给 self。

4. Python 的属性和方法

Python 的属性也叫成员变量，分为两种类型：一种是实例属性，另一种是类属性。

实例属性是在构造方法__init__()中定义的属性，**类属性**是在类中方法之外定义的属性。在类的外部，实例属性属于实例（对象），只能通过对象名访问；类属性属于类，可以通过类名访问，也可以通过对象名访问，被类的所有对象共享。

在 Python 中，类中的方法可以分为以下 4 种：成员方法、普通方法、类方法、静态方法。**成员方法**由对象调用，方法的第 1 个参数默认是 self，**构造方法和析构方法**也属于成员方法；**普通的方法**即类中的函数，只能由类名调用；**类方法和静态方法**都属于类的方法。

使用修饰器@classmethod 来标识**类方法**，使用修饰器@staticmethod 来标识**静态方法**。

5. 多态和继承

（1）继承。类的继承是指在一个已有类的基础上构建一个新的类，构建出来的新类称作子类，被继承的类称作父类，子类会自动拥有父类所有可继承的属性和方法。

Python 中继承的语法格式如下。

```
class 子类名(父类名):
    类的属性
    类的方法
```

（2）重写。在继承关系中，子类会自动拥有父类定义的方法。如果父类的方法不能满足子类的需求，子类可以按照自己的方式重新编写从父类中继承的方法，这就是方法的**重写（Overriding）**。

（3）多继承。一个子类存在多个父类的现象称为**多继承**。Python 是支持多继承的，一个子类同时拥有多个父类的共同特征，即子类继承了多个父类的方法和属性。语法格式如下。

```
class 子类(父类 1,父类 2,…):
    类的属性
    类的方法
```

（4）多态。在同一个方法中，由于参数类型或参数的个数不同，导致执行效果各异的现象就是**多态**。

在 Java 或 C# 等强类型语言中，在类的继承过程中，多态是指允许使用一个父类类型的变量来引用一个子类类型的对象，即根据被引用子类对象特征的不同，得到不同的运行结果。

Python 的多态并不考虑对象的类型，而是关注对象具有的行为，在继承过程中，根据被引用子类对象特征的不同，得到不同的运行结果。

6. 运算符重载

运算符重载是将运算符与类的方法关联起来，每个运算符对应一个指定的内置方法。Python 通过重写一些内置方法，实现运算符重载功能。例如，__add__()方法重载对象加法运算，即执行 x+y 或 x+=y 操作时调用__add__()方法。

下面是一些典型的运算符重载方法。

__sub__方法重载对象减法运算，__div__方法重载对象除法运算，__mul__方法重载对象乘法运算，__mod__方法重载对象取余运算。

此外，__getitem__()方法重载对象的索引运算，即执行 x[key]或 x[i:j]操作时调用此方法。类似的还有__repr__或__str__方法重载输出或转换对象，执行 print(x)、repr(x)、str()等方法时调用。__setitem__方法重载对象索引赋值，执行 x[key]或 x[i:j]=sequence 操作时调用。

7.2　典型例题分析

1. 阅读下面的程序，回答问题。

（1）程序运行的结果是什么？

（2）说明程序的执行过程。

```
#code0701.py
class FatherClass:
    value = 100         #类属性
    def function1(self):
        print("self.value=",self.value);
        print("FatherClass.value=", FatherClass.value)

class ChildClass(FatherClass):
    value=200           #类属性
    def function1(self):
        super().function1()
        print("super().value=",super().value)
        print("self.value=",self.value)
        print("ChildClass.value=", ChildClass.value)

# 主控程序
cc = ChildClass()
cc.function1()
print("用对象访问，cc.value=",cc.value)
print("用类访问，ChildClass.value=",ChildClass.value)
```

解析

（1）程序运行结果如下。

```
self.value= 200
FatherClass.value= 100
super().value= 100
self.value= 200
ChildClass.value= 200
用对象访问，cc.value= 200
用类访问，ChildClass.value=200
```

这是一个使用 super()函数访问父类中的属性和方法的程序，可以看出，通过 super()函数，父类中的属性和方法被调用。

（2）程序从 16 行 cc = ChildClass()开始执行，第 17 行调用第 9 行子类 ChildClass 自己的 function1()方法。

执行到第 10 行，使用 super().function1()语句，调用父类的 function1()方法。此时。父类尚未初始化，第 4 行 self.value 的值为子类的 value 值 200。父类的 function1()方法执行后返回，在子类 ChildClass 中继承执行第 11 行，输出父类的 value 值和子类的 value 值。

第 13 行用类名 ChildClass 访问子类自己的 value 值。

最后两行是分别用对象名和类名访问子类的 value 值。

程序执行过程可以参考图 7-1，其中的重点是对第 4 行输出结果的理解。

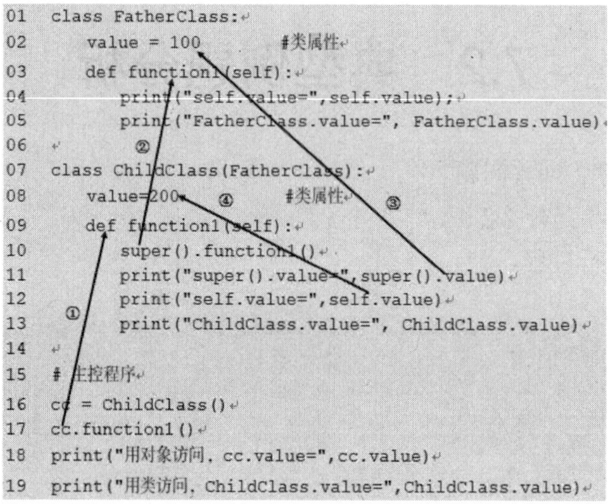

```
01  class FatherClass:
02      value = 100         #类属性
03      def function1(self):
04          print("self.value=",self.value);
05          print("FatherClass.value=", FatherClass.value)
06  
07  class ChildClass(FatherClass):
08      value=200           #类属性
09      def function1(self):
10          super().function1()
11          print("super().value=",super().value)
12          print("self.value=",self.value)
13          print("ChildClass.value=", ChildClass.value)
14  
15  # 主控程序
16  cc = ChildClass()
17  cc.function1()
18  print("用对象访问, cc.value=",cc.value)
19  print("用类访问, ChildClass.value=",ChildClass.value)
```

图 7-1　程序的调用过程

2．分析下面的程序，重点理解构造方法在继承中的运用。

编写 Person 类，它具有 name、age、sex 等属性。继承于 Person 类的 Teacher 类，具有 title、quality、salary、prize 等属性。显示这些属性，并计算 salary、prize 之和。

```
#code0702.py
class Person:
    def __init__(self,name,age,sex):
        self.name=name
        self.age=age
        self.sex=sex

class Teacher(Person):
    sum=0
    def __init__(self, name, age, sex,title,quality,salary,prize):
        Person.__init__(self,name,age,sex)
        self.title = title
        self.quality = quality
        self.salary = salary
        self.prize=prize

    def display(self):
        print("name:{},age:{},sex:{},title:{},quality:{},salary:{},prize:{}"\
```

```
19              .format(self.name, self.age,self.sex,self.title,\
20                      self.quality,self.salary,self.prize))
21
22      def computing(self):
23          sum=self.salary+self.prize
24          return sum
25
26  t1=Teacher("Li4",40,"male","professor","doctor",6500,6200)
27  t1.display()
28  print("工资与奖金之和为: {}".format(t1.computing()))
```

解析

（1）第 2 行～第 6 行定义了一个 Person 类。

（2）第 8 行定义的 Teacher 类继承了 Person 类。第 11 行在子类 Teacher 的构造方法中，调用了父类 Person 的构造方法。

（3）第 17 行和第 22 行分别定义了两个成员方法，display()方法用于显示基本信息，computing()方法用于返回工资与奖金之和。程序运行结果如下。

```
name:Li4,age:40,sex:male,title:professor,quality:doctor,salary:6500,prize:6200
工资与奖金之和为：12700
```

3. 分析下面的程序，重点理解构造方法和析构方法的应用。

```
#code0703.py
class SchoolMember:
    count=0

    def __init__(self,name):
        self.name=name
        SchoolMember.count+=1
        print("name:{},count:{}".format(name,SchoolMember.count))

    def sayHello(self):
        print("My name is:{}".format(self.name))

    def __del__(self):
        SchoolMember.count -= 1
        print("name:{} is left,count:{}".format(self.name, SchoolMember.count))

class Teacher(SchoolMember):

    def __init__(self, name, salary):
        SchoolMember.__init__(self,name)
        self.salary=salary

    def sayHello(self):
        SchoolMember.sayHello(self)
        print("I am a teacher,salary is {} ".format(self.salary))
        print("________________________________________")

    def __del__(self):
        SchoolMember.__del__(self)

class Student(SchoolMember):

```

```
33        def __init__(self, name, mark):
34            SchoolMember.__init__(self, name)
35            self.mark = mark
36
37        def sayHello(self):
38            SchoolMember.sayHello(self)
39            print("I am a student,mark is {} ".format(self.mark))
40            print("________________________________________")
41
42        def __del__(self):
43            SchoolMember.__del__(self)
44
45    t1=Teacher("Li4",6200)
46    t1.sayHello()
47    s1=Student("Wang2",67)
48    s1.sayHello()
49    t2=Teacher("王林",5700)
50    t2.sayHello()
51    del(t2)
```

解析

SchoolMember 类具有 name 和 count 属性。Teacher 类继承于 SchoolMember 类，具有 salary 属性。

Student 类继承于 SchoolMember 类，具有 mark 属性。创建对象时，count 加 1；注销对象时，count 减 1。下面具体分析程序的执行过程。

（1）程序从第 45 行开始执行。

第 45 行和第 46 行构造 Teacher 类对象 t1，之后执行 t1 的 sayHello()方法。

第 47 行和第 48 行构造 Student 类对象 s1，之后执行 s1 的 sayHello()方法。

第 49 行和第 50 行构造 Teacher 类对象 t2，之后执行 t2 的 sayHello()方法。

（2）下面以第 45 行的 t1=Teacher("Li4",6200)语句为例，说明构造方法的执行过程。

第 45 行调用第 19 行的__init__()方法。在第 20 行调用父类 SchoolMember 的__init__()方法。在该方法中，计数器 count 是一个类变量，执行加 1 操作，然后输出。

SchoolMember.__init__(self,name)这个语句也可以写为：super().__init___(name)。

（3）下面以第 46 行的 sayHello()方法为例，说明该方法的执行过程。

第 46 行的 sayHello()方法，调用第 23 行至第 26 行的语句。其中第 24 行：SchoolMember.sayHello(self)，调用的是父类的 sayHello()方法，该方法位于 SchoolMember 类中的第 10 行和第 11 行。另外两行输出语句不再赘述。

语句 SchoolMember.sayHello(self)也可以写为：super().sayHello()。

（4）第 51 行的 del(t2)用于删除 t2 对象，调用第 28 行的__del__(self)方法，该语句再调用第 13 行父类 SchoolMember 的__del__(self)方法，在该方法中，类变量 count 执行减 1 操作，然后输出。

（5）代码执行结果如下。

```
name:Li4,count:1
My name is:Li4
I am a teacher,salary is 6200
________________________________________
name:Wang2,count:2
My name is:Wang2
```

```
I am a student,mark is 67
__________________________________________
name:王林,count:3
My name is:王林
I am a teacher,salary is 5700
__________________________________________
name:王林 is left,count:2
```

4. 分析下面的程序，重点理解 Python 的方法覆盖。

```
#code0704.py
class Area:
    def getArea(self,a,b,c):
        p=(a+b+c)/2
        area=pow(p*(p-a)*(p-b)*(p-c),0.5)
        print("三角形面积为：",area)
    def getArea(self,a,b):
        area=a*b
        print("矩形面积为：",area)
    def getArea(self,a):
        print("圆形面积为：",3.14*a*a)

area1=Area().getArea(2)
area2=Area().getArea(3,4)
area3=Area().getArea(3,4,5)
```

代码执行结果如下。

```
>>>
圆形面积为： 12.56
Traceback (most recent call last):
  File " code0704.py", line 15, in <module>
    area2=Area().getArea(3,4)
TypeError: getArea() takes 2 positional arguments but 3 were given
```

解析

（1）在类 Area 中定义了 3 个 getArea()方法，它们的参数个数分别是 3、2、1。从执行结果来看，只有排在最后的方法执行成功，其他都被认为参数错误。

（2）Python 同一个类中同名的方法，后面的方法会覆盖前面的方法，即前面的方法是无效的。这是因为方法也被看作对象，原来这个方法名指向前面的对象；重新定义后，方法名就指向后面定义的对象。

5. 使用面向对象方法，设计一个图形用户界面的登录程序，程序运行效果如图 7-2 所示。

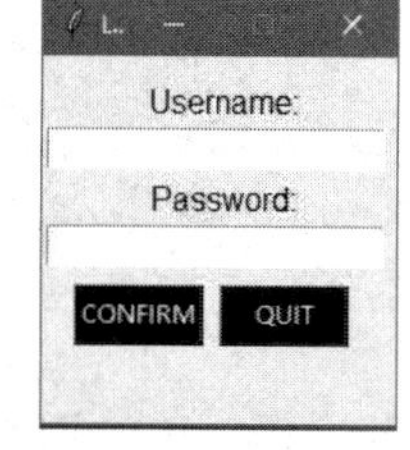

图 7-2　程序运行效果

请分析给出的程序代码。

```
#code0705.py
import tkinter as tk
from tkinter import messagebox

class verification_window(tk.Frame):
    # 调用时初始化
    def __init__(self):
        global win
```

```
        win = tk.Tk()
        # 窗口大小设置为 150x150
        win.title("Login")
        win.geometry('180x180+600+400')
        win.resizable(0, 0)  # 窗口大小固定

        super().__init__()
        self.uname = tk.StringVar()
        self.pwd = tk.StringVar()
        self.pack()
        self.main_window()
        win.mainloop()
    # 窗口布局
    def main_window(self):
        global win
        uname_label=tk.Label(win,text='username:',\
                             font=('Arial',12),width=12)
        uname_label.place(x=35,y=10)
        uname_entry=tk.Entry(win,\
                       textvariable=self.uname,width=24)
        uname_entry.place(x=2,y=35)

        pwd_label=tk.Label(win,text='password:',\
                       font=('Arial',12),width=12)
        pwd_label.place(x=35,y=58)
        pwd_entry=tk.Entry(win,\
                  textvariable=self.pwd,show='*',width=24)
        pwd_entry.place(x=2,y=83)
        # 在按下 CONFIRM 按钮时调用验证函数
        conformation_button = tk.Button(win,text='CONFIRM',\
                   command=self.verification)
        conformation_button.config(fg='white',bg='black',width=8,height=1)
        conformation_button.place(x=16,y=112)
        # 在 IDLE 的环境下运行，并没有达到预期的效果，可以直接双击.py 文件，单击按钮退出。
        quit_button = tk.Button(win, text='QUIT', command=win.quit)
        quit_button.config(fg='white', bg='black', width=8, height=1)
        quit_button.place(x=90,y=112)
    # 验证函数
    def verification(self):
        global win
        # 检查用户名和密码是否在 user_dict 字典中
        user_dict = [{"admin":"112233"},{"teacher":"332211"}]
        user={}
        user[self.uname.get()]=self.pwd.get()
        if user in  user_dict:
            # 成功提醒
            messagebox.showinfo(title='Correct',\
                          message=f'{self.uname.get()}, welcome!')

            # 启动业务逻辑
        else:
            # 错误提醒
            messagebox.showerror(title='Wrong inputs!',\
```

```
62                          message='Please enter correct uname or pwd.')
63
64  if __name__ == '__main__':
65      verification_window()
```

解析

（1）程序的第 5 行～第 20 行是类 Verification_Window 的构造器，并调用 self.main_window() 方法实现主窗口布局功能，其余代码主要完成的是窗口初始化工作。

（2）程序的第 21 行～第 45 行完成窗口中各组件的构造及布局。第 38 行和第 39 行的代码，单击“CONFIRM”按钮执行 self.verification()方法，实现数据验证功能。

第 43 行代码：command=win.quit，在单击“QUIT”按钮时，退出程序。需要注意的是，在 IDLE 的环境下直接运行程序，程序并不会退出。可以在 Windows 操作系统中直接双击.py 文件，然后单击“QUIT”按钮退出。

（3）成员方法 verification(self)实现数据验证功能，登录的用户信息保存在一个列表中。验证成功后，可以启动业务逻辑代码，实现应用系统的各种功能。

（4）程序从第 64 行开始启动，启动后初始化类，执行 Verification_Window 类的构造方法。程序的第 56 行：message=f'{self.uname.get()}, welcome!')，这是 Python3.6 新引入的一种字符串格式化方法，被称作 f-string，即格式化字符串常量（formatted string literals），可以使格式化字符串的操作更加简便。f-string 在形式上是以 f 或 F 修饰符引领的字符串（f'xxx' 或 F'xxx'），以大括号 {} 标明被替换的字段，并在运行时运算求值的表达式。

7.3　问题与思考

1. 怎样理解类是对属性和方法的封装？如何实现封装？
2. 实例属性与类属性的区别是什么？
3. 什么是方法的重写？Python 为什么不需要方法重载？
4. 什么是多态?使用多态有什么优点?
5. 举例说明 Python 的内置函数 isinstance()和 issubclass()的功能。

解答

1. 将数据和对数据的操作组织在一起，定义一个新类的过程就是封装。封装可以防止外部类对数据和代码进行干扰和滥用，保证了数据和代码的安全性。

封装的实现如下。

- 将属性设置为私有，外部类不能随意存取和修改。类中的以两个下画线“__”开头的属性是私有属性，该属性只能在类的内部访问，类的外部不能直接访问，用于实现类的封装。
- 提供 get()方法来存取对象的属性，该方法可以检验属性的合法性。

这种实现数据封装的方法称为 setor 与 getor。

2. 属性也叫成员变量，分为两种类型：一种是实例属性，另一种是类属性。

实例属性是在构造方法__init__()中定义的属性，类属性是在类中方法之外定义的属性。在类的外部，实例属性属于实例（对象），只能通过对象名访问；类属性属于类，可以通过类名访问，也可以通过对象名访问，被类的所有对象共享。

3. 子类根据需求，可以按照自己的方式重新编写从父类中继承的方法，这就是方法的重写，也称为对父类方法的覆盖。

方法重载通常是指有相同的方法名，但方法的参数类型或参数的个数不同。Python 的方法可以接收任何类型的参数，不存在参数类型不同的问题；同时，Python 方法的参数支持可变参数和默认参数，解决了参数个数不同的问题。从这个角度上来看，Python 不需要方法重载。

4．多态是指程序中同一操作（方法）在不同的环境中有不同语义解释的现象，它使程序代码对不同处理环境有很强的适应能力。

多态的特点提高了程序的抽象程度和简洁性，使方法更具备通用性，对于程序的设计、开发和维护都有很大的好处。

5．函数 isinstance()和 issubclass()都与面向对象相关。

isinstance() 函数可以用于判断一个对象是否是一个类的实例，也可以用来判断一个对象是否是一个已知的类型，例如下列程序。

```
>>> class A1:pass
>>> a=A1()
>>> isinstance(a,A1)      #判断对象是否是类的实例
True
>>> b=100
>>> isinstance(b,int)     #判断对象是否是某一数据类型
True
>>> isinstance(b,float)
False
```

issubclass()函数用于判断一个类是否是另一个类的子类，例如下列程序。

```
>>> class A1:pass
>>> class B1(A1):pass
>>> issubclass(B1,A1)
True
```

7.4　习题与解答

1．选择题

（1）Python 中，用来描述一类相同或相似事物的共同属性的是（　　）。

A．类　　B．对象　　C．方法　　D．数据区

（2）下面选项中，正确的是（　　）。

A．一个类中如果没有定义构造方法，那么系统就会提供一个默认构造方法

B．每个类中至少定义一个构造方法

C．每个类中总有一个默认构造方法

D．Python 中的构造方法名与类名是相同的

（3）关于类和对象的关系，下列描述正确的是（　　）。

A．类是面向对象的基础

B．类是对现实世界中事物的描述

C．对象是根据类创建的，并且一个类对应一个对象

D．对象是类的实例，是具体的事物

（4）构造方法的作用是（　　）。

A. 显示对象初始信息　　B. 初始化类

C. 初始化对象　　D. 引用对象

（5）Python 中定义私有属性的方法是（　　）。

A. 使用 private 关键字　　B. 使用 public 关键字

C. 使用__XX__定义属性名　　D. 使用__XX 定义属性名

（6）下列选项中，不属于面向对象程序设计的特征的是（　　）。

A. 抽象　　B. 封装　　C. 继承　　D. 多态

（7）以下 C 类继承 A 类和 B 类的格式中，正确的是（　　）。

A. class C extends A, B:　　B. class C(A: B):

C. class C(A, B):　　D. class C implements A, B:

（8）下列选项中，用于标识静态方法的是（　　）。

A. @classmethod　　B. @staticmethod

C. @instancemethod　　D. @privatemethod

（9）给出下面代码，程序运行时，下面选项中正确的是（　　）。

```
01  class First:
02      a1=3
03      def __init__(self):
04          self.width=100
05          self.height=100
06
07      def __init__(self,width,height):
08          self.width=width
09          self.height=height
10  f1=First()
11  f2=First(40,50)
```

A. 第 2 行语句发生错误　　B. 第 10 行语句发生错误

C. 第 11 行语句发生错误　　D. 程序正确编译运行

（10）以下代码中，注释行的功能是调用父类的构造方法，能替换注释行代码的是（　　）。

```
class A:
    def __init__(self,r):
        self.r=r

class B(A):
    def __init__(self,r,h):
        ## here
        self.height=h
b1=B(3,4)
```

A. super(r)　　B. super().r　　C. super.r　　D. super().__init__(r)

2. 编程题

（1）设计并测试一个名为 MyStudent 的类。该类包括以下属性：id（学号）、name（姓名），以及 3 门课程 maths（数学）、english（英语）、computer（计算机）的成绩，类中的方法包括计算 3 门课程的总分、平均分和最高分。

（2）设计并测试一个表示一个点的 MyPoint 类。该类包括以下属性。

x：点的横坐标。

y：点的纵坐标。

该类包括如下方法。

__init__() (self, x, y)：构造方法，创建对象的同时为属性 x、y 赋初值。

getX()：获得点的横坐标。

getY()：获得点的纵坐标。

getDdistance (self,p)：返回当前点与点 p 之间的距离。

（3）定义表示圆的 Circle 类，方法如下。

```
class Circle:
    __init__(self,r)        #构造方法，设置圆半径
    getArea(self)           #计算圆的面积
    getPerimeter(self)      #计算圆的周长
```

再定义一个表示圆柱体的名为 Cylinder 的类，成员变量 c 表示底面的圆，h 表示圆柱的高，方法如下。

```
class Cylinder:
    __init__(self,c,h):     #设置圆柱的底面及高
    getArea(self)           #计算圆柱表面积
    getVolume(self)         #计算圆柱体积
```

完善上述代码，并编写主控程序测试该类的功能。

参 考 答 案

1．选择题

A　A　D　C　D　　A　C　B　B　D

2．编程题

（1）

```
class MyStudent:
    def setName(self,name):
        self.__name = name
    def getName(self):
        return self.__name

    def setMaths(self, maths):
        self.__maths = maths
    def getMaths(self):
        return self.__maths

    def setEnglish(self, english):
        self.__english = english
    def getenglish(self):
        return self.__english

    def setComputer(self,computer):
```

```
        self.__computer = computer
    def getComputer(self):
        return self.__computer

    def getScore(self):
        return (self.__maths + self.__english + self.__computer)

    def getMaxScore(self):
        max = 0
        if (self.__maths < self.__english):
            max = self.__english
        else:
            max = self.__maths
        if (max < self.__computer):
            max = self.__computer
        return max
# 主控程序
ss = MyStudent()
ss.setName("mike")
ss.setMaths(80)
ss.setEnglish(90)
ss.setComputer(100)
print("3 门课的总分是：{}，平均分是：{}，最高分是\
{}".format(ss.getScore(),ss.getScore()/3,ss.getMaxScore()))
```

（2）

```
import math
class MyPoint:
    def __init__(self, x, y):
        self.__x = x
        self.__y = y

    def getX(self):
        return self.__x

    def getY(self):
        return self.__y

    def getDdistance(self,p):
        return math.sqrt((self.__x - p.getX()) * (self.__x - p.getX())\
                 + (self.__y - p.getY()) * (self.__y - p.getY()))
#主控程序
p = MyPoint(100, 200)
p2=MyPoint(200,300)
print(p.getDdistance(p2))
```

（3）

```
#定义表示圆的 Circle 类，方法如下：
import math
class Circle:
    def __init__(self,r):  #构造方法，设置圆半径
        self.r=r

    def getArea(self):        #计算圆的面积
```

```
        return math.pi*self.r*self.r

    def getPerimeter(self):        #计算圆的周长
        return math.pi*self.r*2

#定义一个表示圆柱体的名为 Cylinder 的类
#成员变量 c 表示底面的圆，h 表示圆柱的高
class Cylinder:

    def __init__(self,c,h):        #构造方法，设置圆柱的底面及高
        self.c=c
        self.h=h

    def getArea(self):             #计算圆柱表面积
        return self.c.getArea()*2+self.c.getPerimeter()*self.h*2

    def getVolume(self):     #计算圆柱体积
        return self.c.getArea()*self.h
#主控程序，测试功能
circle=Circle(4)
height=5
cylinder=Cylinder(circle,height)
print(cylinder.getArea(),cylinder.getVolume())
```

第 8 章 使用模块与库编程

8.1 本章内容概述

使用模块和库编程进一步提升了 Python 编程的质量，是更高层次的代码复用，是 Python 计算生态的基础。

本章内容与全国计算机等级考试二级 Python 考试大纲一致，是二级 Python 考试的重点之一。

1. 模块和包

（1）模块

模块是包含变量、语句、函数或类的定义的程序文件，文件的名字就是模块名加上.py 扩展名。Python 的模块可以是用户自定义的模块、内置模块或来自第三方的模块。导入模块使用 import 或 from 语句，语法格式如下。

```
import modulename [as alias]
from modulename import fun1,fun2,…
```

导入模块时，模块会被自动执行，但只执行一次。执行模块中的赋值语句后会创建变量，执行 def 语句后会创建函数对象。

导入模块，需要能查找到模块文件的路径。不能在 import 或 from 语句中指定模块文件的路径，只能使用 Python 的搜索路径。标准模块 sys 的 path 属性用来查看当前搜索路径的设置。

```
>>> import sys
>>> sys.path                            # 结果略
>>> sys.path.append("f:\pythonpkg")     # 添加搜索路径
>>> import os
>>> os.getcwd()                         #查看当前工作路径
```

__name__是 Python 的内置属性，表示当前模块的名字，也反映一个包的结构。如果.py 文件作为模块被调用，__name__的属性值为模块文件的主名；如果模块独立运行，__name__的属性值为__main__。

语句 if__name__ == 'main'可以控制不同情况下运行代码的过程。当__name__值为“main”时，程序文件直接执行；使用 import 或 from 语句导入模块时，其中的代码不被执行。

（2）包

包是模块文件所在的目录。包的外层目录必须包含在 Python 的搜索路径中。在包的下级目录中，每个目录一般包含一个__init__.py 文件，但包的外层目录不需要__init__.py 文件。__init__.py 文件可以为空，也可以在其中定义包的常量，或定义__all__列表指明包中可以导入的模块。

2. 标准库

标准库随 Python 解释器一起安装在系统中。经常使用的标准库包括 math 库、random 库、datetime 库等。

math 库是 Python 内置的数学函数库，包含支持整数和浮点数运算的函数；**random 库**中的函数主要用于生成各种分布的伪随机数序列；**datetime 库和 time 库**提供支持查看日期和时间的函数。

turtle 库是用于绘制图形的函数库，保存在 Python 安装目录的 Lib 文件夹下，导入后才能使用。turtle 库的主要方法如下。

turtle.setup()方法，用于设置绘图窗口的大小和位置。

下面是 turtle 库的画笔控制方法。

- turt1e.penup()和 turtle.pendown()方法：提起画笔和放下画笔，用于移动画笔的位置。
- turtle.pensize()或 turtle.width()方法：设置画笔的线条宽度，若无参数则返回当前画笔宽度。
- turtle.pencolor(colorstring)或 turtle.pencolor((r,g,b))方法：设置画笔颜色，若无参数则返回当前画笔颜色。

下面是 turtle 库的图形绘制方法。

- turtle.fd(distance)方法：控制画笔沿当前行进方向前进 distance 距离。
- turtle.seth(angle)方法：改变画笔绘制的方向，angle 是绝对方向的角度值。
- turtle.circle(radius, extents)方法：用来绘制一个弧形，根据半径 radius 绘制 extents 角度的弧形。
- turtle.left(angle)或 turtle.right(angle)方法：向左或向右旋转 angle 角度。

3. 第三方库

随着 Python 的发展，涉及更多领域、功能更强的应用以函数库的形式被开发出来，并通过开源形式发布，这些函数库被称为**第三方库**。

通常使用 pip 工具安装第三方库；但由于 pip 工具的版本，或第三方库安装时的文件依赖等，用户也经常从第三方库网站上下载文件后再使用文件安装。本书主要涉及的第三方库包括 pyinstaller、jieba、numpy、matplotlib、requests、BeautifulSoup、wordcloud 等。

4. jieba 库

jieba 库是应用于中文单词拆分的第三方库，具有分词、添加用户词典、提取关键词和词性标注等功能。

jieba 库支持的 3 种分词模式如下。

- 精确模式：试图将句子最精确地切开，适用于文本分析。
- 全模式：把句子中所有的可以成词的词语都扫描出来，速度快，但是不能解决歧义问题。
- 搜索引擎模式：在精确模式的基础上，对长词再次切分，提高召回率，适用于搜索引擎分词。

jieba 库用于分词，并返回列表的主要函数如下。

- jieba.lcut(s)函数：精确模式分词，输出的分词能够完整且不多余地组成原始文本。
- jieba.lcut(s,True)函数：全模式分词，输出原始文本中可能产生的所有单词，冗余性大。
- jieba.lcut_for_search(s)函数：搜索引擎模式分词，该模式首先执行精确模式，然后再对其中的长词进一步切分获得结果。

jieba 库对于无法识别的分词，可以向分词库添加新词。对于一些相对集中或专业的应用，用户也可以定义自己的词典或调整词典。

jieba 库用于添加单词和调整词典的函数如下。

- jieba.add_word(word, freq=None, tag=None)函数：在程序中向词典添加单词。
- del_word(word)函数：删除词典中的单词。
- suggest_freq(segment, tune=True)函数：可调节单个词语的词频，使其能（或不能）被拆分。

8.2　典型例题分析

1．阅读下面的代码，观察图 8-1 所示的运行结果，解析 turtle 绘图程序。

```
#code0801.py
import turtle as t
def move(x,y):
    t.penup()
    t.goto(x,y)
    t.pendown()

t.setup(800,300)
move(-300,0)
for x in range(1,5):
    t.forward(100)
    t.left(90)

move(-100,0)
for x in range(8):
    t.forward(50)
    t.left(45)

move(50,40)
for x in range(8):
    t.forward(120)
    t.right(225)

move(300,60)
for x in range(18):
    t.forward(60)
    if x % 2 == 0:
        t.left(175)
    else:
        t.left(225)
t.done()
```

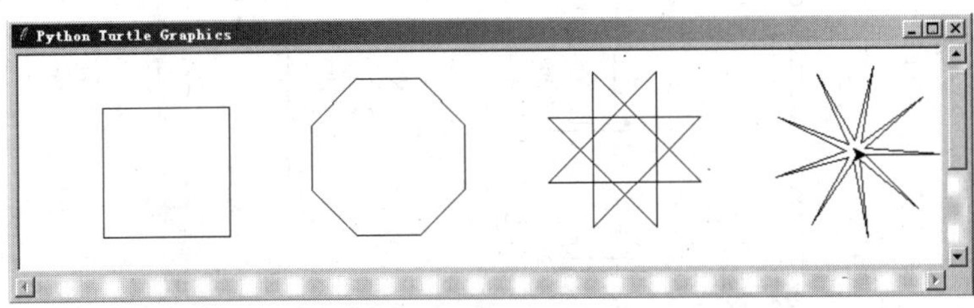

图 8-1　程序运行结果

解析

turtle 是 Python 的标准库之一，随解释器直接安装到操作系统。这个示例实现 turtle 的基本绘图功能，下面重点介绍 turtle 基本函数的使用方法。

（1）程序的第 2 行导入 turtle 库，并命别名为 t。第 3 行～第 6 行的 move()函数的功能是移动画笔的位置。后面的代码分别绘制四边形、八边形和不同形状的星形，程序运行结果如图 8-1 所示。

（2）下面是 turtle 的常用函数。

- turtle.width()函数和 turtle.pensize()函数：用来设置画笔的属性，即画笔的尺寸。
- turtle.penup()函数和 turtle.pendown()函数：用于提起和放下画笔。提起画笔时，turtle 不绘制图形。
- turtle.left(angle)函数：画笔向左旋转 angle 角度。
- turtle.right(angle)函数：画笔向右旋转 angle 角度。
- turtle.done()函数：用来停止画笔绘制，但绘图窗体不关闭。
- turtle.setup(width, height, startx, starty)函数：用于设置绘图窗口的大小及位置，startx 和 starty 两个参数是可选的。绘图窗体默认在屏幕中间。setup()函数在绘图中不是必需的。

turtle 的其他方法在下一个示例中介绍。

2. 阅读下面的代码，观察图 8-2 所示的运行结果，解析 turtle 绘图程序。

```
#code0802.py
import turtle
turtle.setup(500,300,400,400)

turtle.penup()
turtle.goto(-150,-100)
turtle.pendown()

turtle.fd(100)
turtle.circle(50,180)
turtle.fd(100)
turtle.circle(-50,-180)

turtle.penup()
turtle.goto(50,0)
turtle.pendown()

turtle.seth(45)
turtle.fd(150)
turtle.seth(-90)
turtle.fd(150)
turtle.hideturtle()
turtle.done()
```

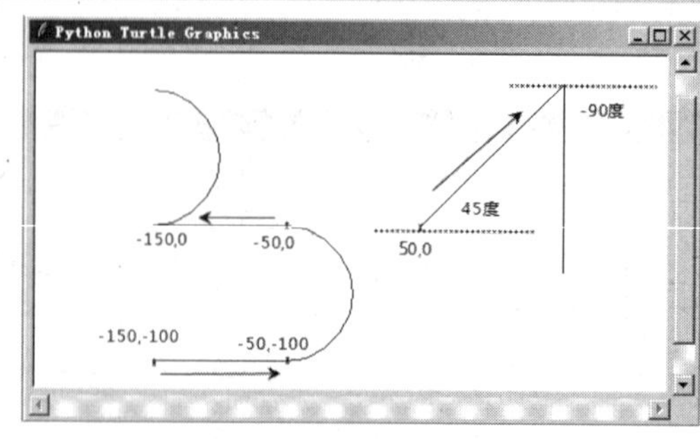

图 8-2　程序运行结果

解析

本例重点学习 turtle 的 seth()函数和 circle()函数的使用。

（1）代码的第 5 行～第 7 行将画笔移至(−150, −100)，然后使用 circle()函数绘制图 8-2 左侧的两个半圆形。再将画笔移至(50, 0)，绘制两条直线构成的折线，调整画笔角度时使用了 seth()函数。图 8-2 中的箭头表示画笔的方向。

（2）turtle 绘图离不开 turtle 的空间坐标系，图 8-3 给出了 turtle 的空间坐标系，并给出了 circle(r, α)函数的示意图。

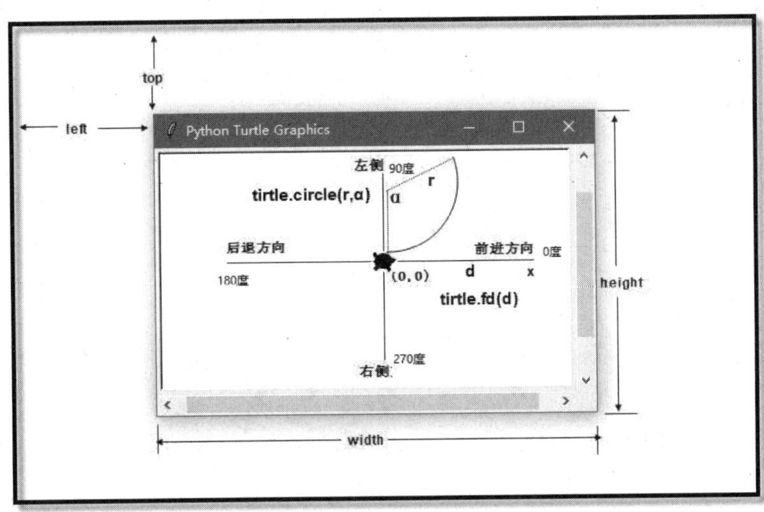

图 8-3　turtle 坐标系及 circle()函数

- turtle.goto(x,y)函数：画出从当前位置到坐标点(x,y)的直线，x 和 y 是绝对坐标值。初始化开始时画笔在画布的中心。
- turtle.seth(angle)函数：用来改变画笔的方向，angle 为绝对度数，seth()只改变方向但不行进。
- turtle.fd(d)和 turtle.bk(d)是画笔前进和画笔后退的函数。
- turtle.circle(r,angle)是画圆或弧的函数，其参数说明如下：
  - r>0，圆心在画笔的左侧 r 处。
  - r<0，圆心在画笔的右侧 r 处。
  - angle>0，画笔方向朝前转 angle 度。
  - angle<0，画笔方向朝后转 angle 度。

观察图 8-2 中的两个半圆，第一个半圆是画笔前进方向的左侧，第二个半圆是画笔前进方向的右侧。绘制的两条直线，第一条线与 *x* 轴方向成 45 度角，第二条线与 *x* 轴方向成-90 度角。

3. 中文文本分析与统计。

中文文本分析与统计通常是将文件操作与第三方库 jieba、字典、列表等知识点结合在一起，考查读者的知识综合运用能力，是二级 Python 考试中最重要的内容之一。

给出一篇文档“county.txt”，部分内容如下。

```
一个陕北人眼中的县城

[ 转自某网站 ]
我出生在 20 世纪 80 年代，在我小的时候，县城对我来说那就是耳中听说的地方，县城有车、有楼、有电灯、有
```

电视……县城就是我渴望生活的地方。因为我出生在农村，又自幼在农村长大，小时候让我眼花缭乱的地方也就是乡镇的集市了。

……（略）

统计“county.txt”中词频前 3 位的词及出现次数。并统计出现在方括号（【 】或[ ]）内的文本字符数和占总字符数的比例。

第一部分，统计文档中词频前 3 位的词及出现次数。

```
00  #code0803a.py
01  import jieba
02  fi = open(r"txt\county.txt", "r")
03  txt = fi.read()
04  fi.close()
05  ls = jieba.lcut(txt)
06  d = {}
07  for w in ls:
08      if len(w)==1:
09          continue
10      else:
11          d[w] = d.get(w, 0) + 1
12  freq_word=[]
13  for word,freq in d.items():
14      freq_word.append((word,freq))
15  freq_word.sort(key=lambda x:x[1],reverse=True)
16  for i in range(3):
17      print(freq_word[i][0],freq_word[i][1])
```

解析

（1）程序的第 1 行导入第三方库 jieba，该库用于中文分词。

（2）第 2 行～第 4 行使用当前操作系统默认的编码方式，打开文本文件“county.txt”，并将文件内容读取到变量 txt 中。

（3）第 5 行使用 jieba 库的 lcut()函数将 txt 变量分词，分词结果保存到列表 ls 中。

（4）第 6 行～第 11 行完成词频统计，其中，第 8 行和第 9 行用来排除单字词。

（5）第 13 行～第 16 行，字典中的统计结果保存到列表 freq_word 中，然后根据出现次数排序，最后输出。

第二部分，统计出现在“【 】”和“[]”内的文本字符数。程序 code0803b.py 如下。

```
00  #code0803b.py
01  fi = open(r"txt\county.txt", "r")
02  txt = fi.read()
03  cnt = 0
04  flag = False
05  for c in txt:
06      if c in[ "[","【"]:
07          flag = True
08      if c in[ "]","】"]:
09          flag = False
10      if flag:
11          cnt += 1
12  print("字符数为：{},占总字符比例：{:.0%}。".format(cnt,cnt/len(txt)))
13  fi.close()
```

程序的核心代码是第 5 行～第 11 行。逐字符读取文件时，遇到符号“【”或“[”时，表明要进入方括号内，设置标志变量 flag 的值为 True；当读取文件遇到符号“】”或“]”时，表明要离开方括号，设置标志变量 flag 的值为 False。flag 的值为 True 时，cnt 计数器的值加 1。请读者注意学习该示例的处理技巧。

关于文件操作部分的内容，请读者参考第 9 章。

4. 使用 wordcloud 库实现文本数据可视化。

wordcloud 库是 Python 优秀的词云展示第三方库，词云以词语为基本单位，更加直观和艺术地展示文本。给出一篇文档“paper.txt”，生成的词云图如图 8-4 所示。

图 8-4　程序的运行效果

解析

生成词云图的大致步骤如下。

（1）读取文件。

（2）利用 jieba 库分词，并根据需要排除无关的词语。

（3）生成词云对象，可以利用图片遮罩控制词云图的形状和改变词云图的颜色。

（4）使用第三方库 matplotlib.pyplot 来显示图片，或者保存图片。

下面详细分析程序的实现过程。

（1）读取文件“paper.txt”。

```
txt=''
with open(r'./txt/paper.txt','r',encoding="utf-8") as f:
    txt=f.read()
    f.close()
print(txt[:100])          #测试输出前 100 个字符
```

（2）使用第三方库 jieba 分词，并排除冗余或无关的词语。

为了让词云图尽可能地显示关键词语，可以利用 jieba 库的 del_word()函数删除冗余的词语。然后再使用 jieba.lcut()函数分词。

```
import jieba
#排除词语列表，根据运行结果可调整下面的列表。
exclusion =['由表', '达到', '是因为', '提高', '通过', '不同', '之间','看出']
for word in exclusion:
    jieba.del_word(word)
words = jieba.lcut(txt)
cuted=' '.join(words)
#print(cuted[:100])        #测试输出前 100 个字符
```

（3）生成词云对象和词云图片。

```
from wordcloud import WordCloud
#wordcloud 默认不支持中文显示，需要先添加一个中文字体文件
```

```
#安装的字体文件通常情况下在 C:\Windows\Fonts 文件夹下
fontpath=r'C:\Windows\Fonts\FZKTJW.TTF'
wcloud = WordCloud(font_path=fontpath,          # 设置字体
              background_color="white",         # 背景颜色
              max_words=600,                    # 词云显示的最大词数
              max_font_size=400,                # 字体最大值
              min_font_size=20,                 # 字体最小值
              random_state=42,                  # 随机数
              #collocations=False,              # 避免重复词语
              #mask=aimask,                     # 设置遮罩
              width=800,height=500,margin=1,  # 设置图像宽高和边距
             )
wcloud.generate(cuted)
wcloud.to_file("test.png")
```

（4）在屏幕上显示生成的图像。

```
import matplotlib.pyplot as plt
plt.figure(dpi=150)  #设置图片可以放大或缩小
plt.imshow(wcloud)
plt.axis("off")         #隐藏坐标
plt.show()
```

（5）改变造型。

如果想让单词按照特定的造型来排列。首先需要一张造型图片，图 8-5 所示是一张 AI 文字造型图片，文件名是 ai.png。

在代码 wcloud = WordCloud(font_path=fontpath…)中，设置 mask 遮罩参数，用来指定读取的图片数据。根据文档可知，图片数据是多维数组格式(N-dimensional Array)，即 ndarray 格式的。

使用 PIL 模块中的 Image.open()函数可以读取图片，然后利用 numpy 库的 array()函数将图片转换为 ndarray 格式，代码如下。

```
import numpy as np
from PIL import Image
aimask=np.array(Image.open("ai.png"))
```

并在 wcloud = WordCloud(…)代码中添加：

```
mask=aimask,
```

生成的词云图如图 8-6 所示。

图 8-5 遮罩图片

图 8-6 程序运行效果

（6）第三方库 wordcloud 的安装。

通常使用 pip 命令直接安装第三方库 wordcloud，在命令行窗口中，执行以下命令。

```
pip3 install wordcloud
```

但在 Windows 操作系统中，由于 pip 版本的问题或是依赖文件缺失的问题，安装时经常有错误发生。因此，建议读者在 Python 社区中下载安装包进行安装，这种方法对所有的第三方库安装都适用。

根据不同的操作系统和 Python 版本号，来选择安装下载的文件版本，这里下载的文件是 wordcloud-1.5.0-cp36-cp36m-win32.whl。安装命令如下。

```
pip3 install wordcloud-1.5.0-cp36-cp36m-win32.whl
```

下面，给出使用 wordcloud 库实现文本数据可视化的全部程序代码。

```
#code0804.py
txt=''
with open(r'./txt/paper.txt','r',encoding="utf-8") as f:
    txt=f.read()
    f.close()
#print(txt[:100])

import jieba
exclusion =['由表', '达到', '是因为', '提高', '通过', '不同', '之间','看出',
        '可以','本文','与此相反']
for word in exclusion:
    jieba.del_word(word)
words = jieba.lcut(txt)
cuted=' '.join(words)
#print(cuted[:100])

from wordcloud import WordCloud
#wordcloud默认不支持中文显示，需要先添加一个中文字体文件
#安装的字体文件通常情况在C:\Windows\Fonts文件夹下
fontpath=r'C:\Windows\Fonts\FZKTJW.TTF'

import numpy as np
from PIL import Image
aimask=np.array(Image.open("./txt/ai.png"))
#print(aimask)

wcloud = WordCloud(font_path=fontpath, #设置字体
            background_color="white",  #背景颜色
            max_words=600,             #词云显示的最大词数
            max_font_size=400,         #字体最大值
            min_font_size=10,          #字体最小值
            random_state=42,           #随机数
            collocations=False,        #避免重复词语
            mask=aimask,               #设置遮罩
            width=800,height=500,margin=1, #设置图像宽高和边距
            )
wcloud.generate(cuted)
```

```
wcloud.to_file("test2.png")
#显示图片
import matplotlib.pyplot as plt
plt.figure(dpi=150)          #设置图片可以放大或缩小
plt.imshow(wcloud)
plt.axis("off")              #隐藏坐标
plt.show()
```

8.3 问题与思考

1. 什么是模块？什么是包？下面给出了一个包的目录和目录中的文件，如表 8-1 所示，并附上了部分程序代码，请说明 dir()函数、__name__属性、__all__属性、__file__属性、__doc__属性的意义。

（1）包结构

表 8-1　一种简单的包结构布局

文件/目录	功 能 描 述
f:/pythonpkg	pythonpath 中的目录
f:/pythonpkg/pkg2	包目录
f:/pythonpkg/pkg2/ __init__.py	包代码
f:/pythonpkg/pkg2/fibonaccy.py	fibonaccy 模块
f:/pythonpkg/pkg2/shapes.py	shapes 模块

（2）__init__.py 文件内容

```
#__init__.py
g=9.8
kilo=1024
```

（3）fibonaccy.py 文件内容

```
#fibonacci.py
'''
Python 包和模块测试程序
完成时间：2019 年 12 月
'''
def fibo1(x):    #返回小于 x 的斐波那契数列的所有项
    a,b=0,1
    while b<=x:
        print(b,end=" ")
        a,b=b,a+b
def fibo2(x):  #返回小于 x 的斐波那契数列的最大项
    a,b=0,1
    while b<x:
        a,b=b,a+b
    print(a)
if __name__=="__main__":
    print("please me as a module.")
```

2. 叙述用 Python 的第三方库 pyinstaller 打包文件的过程和注意事项。

3. 比较函数 math.fmod()和运算符%在模运算方面的不同，举例说明。

4. 比较 math 库中的函数 math.floor(x)、math.ceil(x)、math.trunc(x)的不同。

解答

1. 模块是包含变量、语句、函数或类的定义的程序文件，扩展名为.py。包是模块文件所在的目录，包的外层目录必须包含在 Python 的搜索路径中。在包的子目录中，每个目录需要包含一个__init__.py 文件（包的外层目录不需要__init__.py 文件）。

为更清晰地说明包和模块的应用，下面结合给出的包结构和程序代码来说明。

（1）表 8-1 指明，pythonpkg 是 pythonpath 中的目录，旨在说明“包的外层目录必须包含在 Python 的搜索路径中”。如果 pythonpkg 不是 pythonpath 中的目录，可通过下面的代码实现，将指定目录添加到 pythonpath 路径中。

```
>>> import sys
>>> sys.path.append("f:/pythonpkg")      #向 sys.path 中添加目录
>>> sys.path                             #查看 sys.path 的目录
['', …,
 f:/pythonpkg']
```

（2）基于表 8-1，下面的代码展示了包和模块不同属性的含义。

```
>>> import pkg2.fibonacci as f
>>> f.__name__
'pkg2.fibonacci'
>>> f.__file__
'f:/pythonpkg\\pkg2\\fibonacci.py'
>>> f.__doc__
'\nPython 包和模块测试程序\n 完成时间：2019 年 12 月\n'
>>> f.__all__
Traceback (most recent call last):
  File "<pyshell#9>", line 1, in <module>
    f.__all__
AttributeError: module 'pkg2.fibonacci' has no attribute '__all__'
>>> f.fibo1(6)
1 1 2 3 5

>>> pkg2.g
9.8
>>> dir(f)
['__builtins__', '__cached__', '__doc__', '__file__', '__loader__', '__name__',
'__package__', '__spec__', 'fibo1', 'fibo2']
```

从上面的运行结果可以看出以下信息。

__name__属性返回模块名，导入包时，文件名即为模块名（无扩展名）。

__file__属性返回模块源文件的位置，方便用户查看源代码。

__all__属性指定包中可以使用的模块。本示例中没有在文件__init__.py 中指定__all__属性，所以显示异常信息。未指定__all__属性时，在使用 import *语句导入时，导入所有不以下画线开头的模块。

__doc__属性返回模块中的文档字符串（也称文档注释），方便用户了解模块的功能，一些模块可能不包含文档字符串。

pkg2.g 属性返回__init__.py 中定义的常量 g。

dir（模块名）列出了模块的内容，即模块对象的所有属性。

2. pyinstaller 是用于源文件打包的第三方库，它能够在 Windows、Linux、Mac OS X 等操作系统中将 Python 源文件打包。打包后的 Python 文件可以在没有安装 Python 的环境中运行，也可以作为一个独立文件进行传递和管理。

使用 pyinstaller 命令打包文件时，需要注意以下几个问题。

- 文件路径中不能出现空格和英文句号（.），如果存在，需要修改 Python 源文件的名字。
- 源文件必须是 UTF-8 编码格式。采用 IDLE 编写的源文件均保存为 UTF-8 格式，可以直接使用。
- 如果命令提示符前的路径提示符是 d:\python>，生成的打包文件的位置与“>”提示符前的路径是一致的。
- 打包文件时，如果使用-i 参数指定使用图标文件，需要注意图标文件的格式和大小。

3. 函数 math.fmod()与%都可以进行模运算，并且可以进行浮点数运算，但它们的运算结果往往不同。主要区别如下：一是 math.fmod()是取向 0 整除后的余数，而%是取向下整除后的余数；二是 math.fmod()运算结果的符号与被除数的符号一致，而%运算结果的符号与除数的符号一致。例如下列代码。

```
>>> import math
>>> math.fmod(10,3),math.fmod(-10,3)
(1.0, -1.0)
>>> 10%3,-10%3,10%-3
(1, 2, -2)
```

4. math.floor()与 math.ceil()都返回整数值，但 math.floor(x)返回的是小于 x 的最大整数，math.ceil(x)返回的是大于 x 的最小整数。math.trunc(x)返回 x 的整数部分，不涉及舍入。例如下列代码。

```
>>> import math
>>> math.floor(10.3),math.floor(-10.3)
(10, -11)
>>> math.ceil(10.3),math.ceil(-10.3)
(11, -10)
>>> math.trunc(10.3),math.trunc(-10.7)
(10, -10)
```

8.4 习题与解答

1. 选择题

（1）下列选项中，不属于 Python 标准库的是（　　）。

A. turtle　　B. random　　C. math　　D. PIL

（2）下列导入模块的语句中，错误的是（　　）。

A. import numpy as npy　　B. from numpy import * as npy

C. from numpy import *　　D. import matplotlib.pyplot

（3）以下关于模块的__name__属性的描述中，错误的是（　　）。

A. __name__用于表示当前模块的名字

B. 模块独立运行时，__name__属性值为__main__

C. __name__属性是模块的私有属性

D. 所有模块均有__name__属性

（4）Python 图形用户界面方向的第 3 方库是（　　）。

A. pillow　　B. scipy　　C. turtle　　D. wxPython

（5）turtle 绘图的代码如下，绘制的图形是（　　）。

```
import turtle as t
t.circle(40)
t.circle(60)
t.circle(80)
t.done()
```

A. 笛卡尔心形　　B. 内切圆　　C. 同心圆　　D. 外切圆

（6）关于 turtle 库画笔控制的方法，以下描述中**错误**的是（　　）。

A. turtle.colormode()的作用是设置画笔的颜色模式

B. turtle.penup()的别名有 turtle.pu()、turtle.up()

C. turtle.width()用来设置绘图窗口的宽度

D. turtle.pendown()的作用是落下画笔之后，移动画笔将绘制形状

（7）关于 turtle 形状绘制的方法，以下描述中**错误**的是（　　）。

A. turtle.circle(60,80)绘制的是半径为 80 的弧形

B. turtle.color("red") 设置画笔的颜色为红色

C. turtle.fd(80)的作用是设置画笔沿当前方向绘制 80 像素的距离

D. turtle.seth(45)的作用是设置画笔与 x 轴方向呈 45 度

（8）下面程序的功能是（　　）。

```
import turtle as t
def DrawCircle1(n):
    t.penup()
    t.goto(0,-n)
    t.pendown()
    t.circle(n)
for i in range(12,72,12):
    DrawCircle1(i)
```

A. 绘制 5 圆环　　B. 绘制 6 圆环

C. 绘制 5 个同心圆　　D. 绘制 6 个同心圆

（9）time.ctime()函数的作用是（　　）。

A. 返回系统当前时间戳对应的 struct_time 对象

B. 与 datetime.ctime()函数的功能类似

C. 返回系统当前时间戳对应的易读字符串表示

D. 返回系统当前时间戳对应的本地时间的 struct_time 对象，本地时间经过时区转换

（10）下列关于 random 库的 seed(a)函数的说法中，正确的是（　　）。

A. 生成一个随机整数　　B. 设置初始化随机数种子 a

C. a 的取值只能是整数　　D. 生成一个[0.0, 1.0)的随机小数

（11）以下关于 datetime 库的 time()函数的说法中，正确的是（　　）。

A. datetime.time()返回浮点型数据

B. datetime.time()返回系统当前的时间戳

C. datetime.time()具有 hour、minute、second 等属性

D. datetime.time()返回系统当前时间戳对应的易读字符串表示

（12）关于 Python 的内置函数 chr(i) 的说法中，正确的是（　　）。

A. 返回参数 i 的 Unicode 编码值　　B. 将整数 i 转换为二进制数

C. 参数 i 必须是十进制整数　　D. 返回 Unicode 编码值为 i 的字符

（13）关于 Python 的内置函数 sorted(x)的说法中，正确的是（　　）。

A. 对组合数据类型 x 进行排序，默认为从小到大

B. 参数 x 不可以是字符串

C. 组合数据类型的元素只有是数值型时，才能使用 sorted(x)排序

D. 不支持 sorted(x,reverse=True)这种函数调用格式

（14）以下关于 pip3 工具的说法中，**错误**的是（　　）。

A. pip3 本身即为第三方库，需要安装后使用

B. pip3 可以用来安装第三方库

C. pip3 可以用来卸载一个已经安装的第三方库

D. pip3 可以用来列出当前系统已经安装的第三方库

（15）使用 pyinstaller 命令对 Python 源文件打包的描述中，**错误**的是（　　）。

A. pyinstaller 需要在命令行中运行

B. 生成的打包文件与源程序文件不一定在同一个文件夹中

C. 使用-F 参数，可以生成独立的打包文件

D. 打包文件时，如果使用-i 参数指定图标文件，图标文件的扩展名可以是.ico 或.png

（16）以下函数中，**不是** jieba 库函数的是（　　）。

A. jieba.lcut()　　B. jieba.delete_word(x)

C. jieba.add_word()　　D. jieba.lcut_for_search()

（17）关于 jieba 库的函数 jieba.lcut(x)，以下描述中正确的是（　　）。

A. 向分词词典中增加新词 w

B. 精确模式，返回中文文本 x 分词后的列表

C. 全模式，返回中文文本 x 分词后的列表

D. 搜索引擎模式，返回中文文本 x 分词后的列表

（18）使用 pip3 命令列出某个已经安装了的库的详细信息的命令格式是（　　）。

A. pip3 install <安装库名>　　B. pip3 download <下载库名>

C. pip3 list <查询库名>　　D. pip3 show <查询库名>

（19）random.uniform(a, b)的作用是（　　）。

A. 生成一个[0.0, 1.0)的随机小数　　B. 生成一个[a, b)的随机小数

C. 生成一个[a, b]的随机小数　　D. 生成一个[a,b)的随机整数

（20）关于 str(x)函数的描述中，正确的是（　　）。

A. 将 x 转换为字符串类型

B. x 只能是数值类型、布尔类型，不可以是组合数据类型

C. x=10，执行 y=len(str(x))转换后，y 的值是 10

D. str(x)除了将 x 转换为字符串外，兼有排序功能

（21）执行下面的代码，描述**错误**的是（　　）。

```
import random
random.seed(-9)
print(random.randrange(9,99))
```

A. seed()函数用于初始化随机数种子

B. import random 语句用于导入 random 库

C. 函数 random.randrange(9,99)生成一个 9～99（含 99）的随机整数

D. 在同一台机器（同一操作系统）上，每次执行输出相同的随机整数

（22）Python 网络爬虫方向的第三方库是（　　）。

A. turtle　　B. jieba　　C. requests　　D. pyinstaller

（23）以下选项中，**不是** Python 数据分析方向的第三方库的是（　　）。

A. scipy　　B. numpy　　C. pandas　　D. scrapy

（24）以下选项中，属于 PIL 库的应用方向的是（　　）。

A. 机器学习　　B. 图像处理　　C. Web 开发　　D. 游戏开发

（25）给出字符串 s，下面用于中文分词并输出精确模式的分词结果的是（　　）。

A. jieba.cut(s)　　B. jieba.cut(s,cut_all=True)

C. jieba.cut_for_search(s)　　D. jieba.lcut_for_search(s)

2. 编程题

（1）使用 turtle 库绘制红色五角星图形，形状效果如图 8-7 所示。

（2）使用 turtle 库绘制红色花形图形，效果如图 8-8 所示。

图 8-7　五角星

图 8-8　花形

（3）使用 turtle 库绘制星形图形，效果如图 8-9 所示。

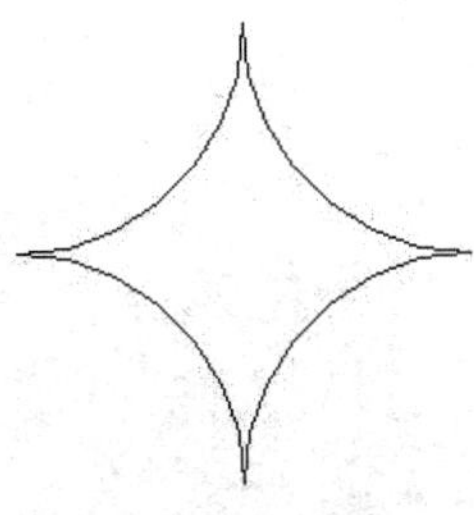

图 8-9　星形

（4）获得用户输入的一个字符串，统计该字符串中的中文字符个数。基本中文字符的 Unicode

编码范围是：[0X4E00~0X 9FA5]。

（5）使用第三方库 jieba 中的函数和 Python 内置函数，计算字符串 sentence 中的中文字符个数（包含中文标点符号）及中文词语个数。

（6）MD5 是一种常用的哈希算法。MD5 是为了保证文件的正确性，防止一些人盗用程序，加些木马或者篡改版权，而设计的一套验证系统。该算法对原文的改动非常敏感，也就是说，原文哪怕只做非常微小的改动，重新计算得到的 MD5 值（二进制串）也会有巨大的变化。因此，该算法常用于检验信息在发布后是否发生过修改，如文件完整性检验或者数字签名。

Python 标准库 hashim 中的 md5()函数可以用来计算字节串的 MD5 值，如果是要计算其他类型数据的 MD5 值，首先需要将其转换为字节串。

编写程序，要求输入一个文件名，然后输出该文件的 MD5 值。

（7）文本文件“文献.txt”部分内容如下。

```
参考文献
[1] [美] 约翰·哈伯德（John R.Hubbard）. Java 程序设计学习指导与习题解答[M]. 金名等. 2 版.北京:清华大学出版社，2009.
[2] 王勇等. Java 编程基础实例与进阶[M]. 北京:清华大学出版社，2008.
……
```

基础中文字符的 Unicode 编码范围是[[0X 4E00～0X 9FA5]，请统计给定文本中存在的中文字符个数。

运行结果如下。

```
参(0x53c2):1,考(0x8003):3,文(0x6587):1,献(0x732e):1,……
```

（8）排序输出上一题的结果。

参 考 答 案

1. 选择题

D　B　C　D　B　　C　A　C　C　B

C　D　A　A　D　　B　B　D　B　A

C　C　D　B　A

2. 编程题

（1）

```python
from turtle import *
setup(320,320)
penup()
goto(-100,40)
pendown()
color((1,0,0))  #color("red")
for i in range(5):
    forward(200)
    right(144)
hideturtle()
done()
```

（2）

```
import turtle
for i in range(5):
    turtle.circle(50,144)
    turtle.right(72)
```

（3）

```
import turtle
for i in range(4):
    turtle.right(180)
    turtle.circle(-90,90)
turtle.hideturtle()
turtle.done()
```

（4）

```
s = input("请输入: ")
count = 0
for c in s:
    if 0x4e00 <= ord(c) <= 0x9fa5:
        count += 1
print(count)
```

（5）

```
import jieba
sentence='''当今世界，在娱乐之风的冲刷下，好学者少，好人文者似乎尤少。中国的文化更需要重振：东方美学的流失令人心惊，古典文学艺术的失落令人扼腕，传统工艺的式微令人叹惋。大雅久不作，绮丽竟为珍。王风委蔓草，战国多荆榛……
'''
n=len(sentence)
m=len(jieba.lcut(sentence))
print("中文字符数为{}，中文词语数为{}.".format(n,m))
```

（6）

```
import hashlib
with open("md5txt.txt",'rb') as fp:
    text=fp.read()
    print(hashlib.md5(text).hexdigest())
```

（7）

```
fi = open("文献.txt")
fo = open("文献统计.txt", "w", encoding='utf-8')
txt = fi.read()
d = {}
for c in txt:
    if 0x4e00 <= ord(c) <= 0x9fa5:
        d[c] = d.get(c, 0) + 1
ls = []
for key in d:
    ls.append("{}(0x{:x}):{}".format(key, ord(key),d[key]))
print(ls)
fo.write(",".join(ls))
fi.close()
fo.close()
```

（8）

```
fi = open("文献.txt")
fo = open("文献统计.txt", "w", encoding='utf-8')
txt = fi.read()
#数据统计
d = {}
for c in txt:
    if 0x4e00 <= ord(c) <= 0x9fa5:
        d[c] = d.get(c, 0) + 1
#排序
ls = []
for word,num in d.items():
    temp=word+'['+str(hex(ord(word)))+']'
    ls.append((temp,num))
ls.sort(key=lambda x:x[1],reverse=True)
#处理输出格式
ls2=[]
for item in ls:
    ls2.append("{} {}".format(item[0],item[1]))
#print(ls2)
fo.write(",".join(ls2))
fi.close()
fo.close()
```

第 9 章 Python 的文件操作

9.1 本章内容概述

文件是用户与计算机交互的重要媒介，本章主要包括文件操作的函数和方法。本章内容是全国计算机等级考试二级 Python 的重点之一，内容与二级 Python 考试大纲一致。

1. 文件基础知识

（1）文本文件和二进制文件

根据文件的存储格式，可以分为文本文件和二进制文件两种形式。

文本文件由字符组成，按 ASCII、UTF-8 或 Unicode 等格式编码。Windows 记事本创建的.txt 文件、以.py 为扩展名的 Python 源文件、以.html 为扩展名的网页文件等都是文本文件。

二进制文件存储的是由 0 和 1 组成的二进制编码。典型的二进制文件包括 bmp 格式的图片文件、avi 格式的视频文件、各种计算机程序编译后生成的文件等。

二进制文件和文本文件最主要的区别在于编码格式，二进制文件只能按字节处理，文件读写的是 bytes 字符串。无论是文本文件还是二进制文件，**都可以用“文本文件方式”和“二进制文件方式”打开**，但打开后的操作是不同的。

（2）文本文件的编码

ASCII（美国信息互换标准代码），仅对 10 个数字、26 个大写英文字母、26 个小写英文字母和一些常用符号进行了编码。ASCII 采用 8 位（1 字节）编码，最多只能表示 256 个字符。

UTF-8 是国际通用的编码方式，用 8 位（1 字节）表示英语（兼容 ASCII），用 24 位（3 字节）表示中文及其他语言。UTF-8 对全世界所有国家的字符都进行了编码。UTF-8 在任何平台下通用。

Unicode 是可以容纳世界上所有文字和符号的字符编码方案，是编码转换的基础。编码转换时，先把一种编码的字符串转换成 Unicode 的字符串，然后再转换成其他编码的字符串。

GB2312 是我国制定的中文编码，用 1 字节表示英文字符，用 2 字节表示汉字字符。**GBK** 是 GB2312 的扩充。

Python 程序读取文件时，一般需要指定读取文件的编码方式，否则程序运行时可能会出现异常。Python 程序源代码默认的编码方式是 UTF-8。

2. 文件的打开和关闭

（1）打开文件

Python 用内置的 **open()**函数来打开文件，并创建一个文件对象，其语法格式如下。

```
myfile = open(filename[,mode])
```

myfile 是一个文件对象，文件访问模式 mode 的说明如下。

- r：只读模式，默认值。该模式打开的文件如果不存在，将报告异常。
- w：写模式。文件如果存在，清空内容后重新创建文件。
- a：追加的方式。写入的内容追加到文件尾。该模式打开的文件如果已经存在，则不会清空；否则新建一个文件。
- b：二进制文件模式。
- t：文本文件模式，为默认值。
- x：创建写模式。文件不存在则创建；文件如果存在，将报告异常。
- +：与 r、w、x、a 模式共同使用，在原功能的基础上增加了读写功能。

（2）关闭文件

close()函数用于关闭文件。

关闭文件时，Python 将缓冲的数据写入文件，然后关闭文件，释放对文件的引用。可以使用 **flush()**方法将缓冲区中的内容写入文件，但不关闭文件。

3. 文件的读写操作

以文本文件方式打开的文件，程序默认按照当前操作系统的编码方式来读写文件，也可以指定编码方式来读写文件；以二进制文件方式打开的文件，按字节流方式读写文件。下面是文件读写操作常用的方法。

- read([size])：读取文件全部的内容。如果给出参数 size，读取 size 长度的字符或字节。
- readline([size])：读取文件一行的内容。如果给出参数 size，读取当前行 size 长度的字符或字节。
- readlines([hint])：读取文件的所有行，返回行所组成的列表。如果给出参数 hint，读入 hint 行。
- write(str)：将字符串 str 写入文件。
- writelines(seq_of_str)：将多行写入文件，参数 seq_of_str 为可迭代的对象。

4. CSV 格式文件

（1）CSV 格式文件的概念

CSV（逗号分隔值）格式是一种通用的、相对简单的文本文件格式，通常用于在程序之间传递数据，被广泛应用于商业和科学领域。

CSV 文件由任意数目的行组成。一行被称为一条**记录**，记录间以换行符分隔。每条记录由若干数据项组成，这些数据项被称为**字段**。字段间的分隔符通常是逗号，也可以是制表符或其他符号。通常，所有记录都有相同的字段序列。

CSV 格式存储的文件一般以.csv 为扩展名，可以通过记事本或 Office Excel 工具打开，也可以在其他操作系统上用文本编辑工具打开。

（2）CSV 格式文件的特点

- 读出的数据一般为字符串类型，如果要获得数值类型，需要用户完成转换。

- 以行为单位读取数据。
- 列之间以半角逗号或制表符为分隔符，一般为半角逗号。
- 通常每行开头不空格，第一行是属性列，行之间无空行。

5. 数据组织的维度

（1）一维数据和二维数据

根据数据表示的复杂程度和数据间关系，可以将数据划分为一维数据、二维数据、多维数据、高维数据等类型。

一维数据由对等关系的有序或无序数据构成，采用线性方式组织，可以用一维列表来描述，对应于数学中数组或集合的概念。

二维数据由关联关系数据构成，可以用二维列表来描述，对应于数学中的矩阵。表格属于二维数据。

多维数据是二维数据的扩展，**高维数据**是由键值对组成的数据形式。

（2）一维数据的处理

一维数据是最简单的数据组织类型。由于一维数据是线性结构的，在 Python **中用列表或元组表示**；对于无序一维数据，也可以采用集合表示。

一维数据的文件存储有多种方式，通常用特殊字符分隔数据项，如采用空格分隔元素、采用逗号分隔元素、采用换行分隔元素等。

字符串的 **join()方法**可以将各数据项连接为字符串，然后写入文件；从文件中读取一维数据时，字符串的 **split()方法**可以将数据项分解保存到列表中，然后使用遍历循环可以对一维数据的数据项进行各种运算。

（3）二维数据的处理

二维数据由多个一维数据构成，可以看成一维数据的组合形式。二维数据可以采用二维列表来表示，即列表的每个元素对应二维数据的一行，这个元素本身也是列表类型，其内部各元素对应这行中的数据项。

二维数据的处理一般通过二重循环来进行。

9.2　典型例题分析

1. 文本文件中的字符数统计。

统计文件 code0901.py 中的大写字母、小写字母和数字出现的次数，程序代码如下。

```
#code0901.py
ucases=lcases=digits=0
file=open("demo0701.py")
while True:
    c=file.read(1)
    if c.isupper():
        ucases+=1
    elif c.islower():
        lcases+=1
    elif c.isdigit():
        digits+=1
    if not c:
```

```
13          break
14      file.close()
15      print("大写字母：{}，小写字母：{}，数字：{}".format(ucases,lcases,digits))
```

解析

该示例读取文件内容后，使用字符串对象的内置方法 isupper()、islower()、isdigit()判断字符的类别。下面详细分析该段程序。

（1）程序的第 3 行和第 14 行分别打开和关闭文件。打开文件时，未指定打开模式，默认为“r”模式，编码方式为“utf-8”，该行也可以写为 file=open("demo0701.py",'r',encoding='utf-8')。

（2）第 4 行～第 13 行通过一个 while 循环逐一判断文件中的每一个字符是否是大写字母、小写字母或数字。

程序的第 5 行，每次读取一个字符到变量 c 中，然后逐一判断每一个字符。第 12 行和第 13 行用于判断文件是否结束，如果结束，则中断循环。注意这种判断文件结束的方法。

（3）该程序的另外一种写法如下。

```
ucases=lcases=digits=0
file=open("demo0701.py",'r',encoding='utf-8')
chars=file.read()
for c in chars:
    if c.isupper():
        ucases+=1
    elif c.islower():
        lcases+=1
    elif c.isdigit():
        digits+=1
file.close()
print("大写字母：{}，小写字母：{}，数字：{}"\
      .format(ucases,lcases,digits))
```

code0901.py 文件每次读取 1 个字符进入内存，运行时占用内存很少，当文本文件很大时，更为适合。如果文件较小，第 2 种方法将整个文件读入内存，程序更为简洁。请注意观察不同写法的优点。

2. 给出一篇文档“paper.txt”，其中包括批注文字、注释文字（用【 】标识）、引用标注（①②等）。部分文档内容如下。

```
本文提出的 DNPELM 算法在 ORL 数据集上的识别率达到了最大值 93.25%，比同属于一个数据上的 ELM 算法提高了 33.5%。在 UMIST 数据集上，DNPELM 算法比 ELM 算法提高了 26.43%；在 USPS 数据集上，DNPELM 算法比 ELM 算法提高了 18.71%；在 2K2K 数据集上，DNPELM 算法比 ELM 算法提高了 29.43%。
批注：请提供更翔实的数据
由表 4.3 可以看出，DNPELM 算法在各个数据集上的平均识别率均达到了 80%，且同其他算法相比①，DNPELM 算法的相对误差较小。而 RAFELM 算法却与此相反，表现出了较大的相对误差②，达到了 13.89%，
【由此说明，虽然 RAFELM 和 DNPELM 算法的平均识别率比原始的 ELM 算法】
【有所提高，由此说明，虽然 RAFELM 和 DNPELM 算法的平均识别率比原始的 ELM 算法有所提高，】
但 RAFELM 算法相对误差偏高，图像波动大，最不稳定，而 DNPELM 算法却展现了良好的稳定性。
```

编写程序，请对该文档进行处理，去掉批注行（用“批注：”标识），去掉注释行（用【 】标识）。

解析

观察给出的 paper.txt 文档结构，可以看出，批注与注释均单独成为 1 行，文本文件中的标注

是字符“①②③”等。

只要遍历文档，删除相关注释行，删除引用标注等即可。

程序代码如下。

```
#code0902.py
fi = open(r"txt/paper.txt","r",encoding='utf-8')
fo = open(r"txt/paper2.txt","w",encoding='utf-8')

for line in fi:
    if "批注" in line:
        continue
    for c in "①②③":
        line = line.replace(c, "")
    if "【" in line or "】" in line:
        continue
    fo.write(line)
fi.close()
fo.close()
```

3. 计算由数值数据组成的文本文件中数据的算术平均数和中位数。

文本文件 numbers.txt 中给出了若干数据，部分数据如下，求数据的算术平均数和中位数。

```
647
862
889
1436
……
```

参照如下格式输出。

```
算术平均数：3428.96
中位数：3966.5
```

解析

（1）算术平均数。

算术平均数（Arithmetic Mean）是统计学中常用的一种平均指标，又称“均值”。它主要用于处理未分组的原始数据。设一组数据为 X_0，X_1，…，X_{n-1}，算术平均数 m 的计算公式如下，其中 n 为数据个数:

$$m=(X_0+X_0+\cdots+X_{n-1})\div n$$

（2）中位数。

中位数（Median）是统计学中的专有名词，又称“中点数”或“中值”。中位数是按顺序排列的一组数据中居于中间位置的数。

有一组数据，按从小到大的顺序排序为:

$$X_0, X_0, \cdots, X_{n-1},$$

中位数用 $m_{0.5}$ 表示，当 n 为奇数时，中位数的计算公式为:

$$m_{0.5}= X_{(n)\div 2}$$

当 n 为偶数时，中位数的计算公式为:

$$m_{0.5}= (X_{(n\div 2)}+ X_{(n\div 2-1)})\div 2$$

```
#code0903.py
def Arithmetic(numbers):    #计算算术平均数
```

```
        sum = 0.0
        for i in numbers:
            sum = sum + float(i)
        return sum/len(numbers)
    def Median(numbers):     #计算中位数
        temp=sorted(numbers)
        size = len(temp)
        if size % 2 == 0:
            med = (float(temp[size//2-1]) + float(temp[size//2]))/2
        else:
            med = temp[size//2]
        return med

    fo = open("number.txt","r")
    ls = []
    for line in fo.readlines():
        line = line.replace("\n","")
        ls.append(line)
    print("算术平均数:{}".format(Arithmetic(ls)))
    print("中位数:{}".format(Median(ls)))
```

4. 给 Python 源文件的行末添加行号。

使用 input()函数交互式输入一个 Python 源文件名，在每行的后面加上行号，要求行号以“#”开始，并且所有的行号垂直对齐。程序代码如下。

```
01  #code0904.py
02  filename=input("please enter filename:")
03  file=open(filename,encoding="utf-8")
04  lines=file.readlines()
05  file.close()
06
07  maxlength=len(max(lines,key=len))
08
09  newlines=[line.rstrip().ljust(maxlength)+"#"+str(i+1)+"\n"
10              for i,line in enumerate(lines)]
11  newname=filename[:-3]+"_new.py"
12  targetfile=open(newname,"w")
13  targetfile.writelines(newlines)
14  targetfile.close()
```

解析

（1）02 行～05 行，打开一个 Python 文件，并读到变量 lines 中，lines 是一个列表。

（2）07 行计算最长一行的字符数，保存到变量 maxlength 中，在行末插入行号时，行的宽度以该最长字符数为标准。

（3）09 行和 10 行是程序的重点，这两行是一条语句。使用一个列表表达式为 lines 列表中的每个列表项在行末添加行号。

代码 line.rstrip()的作用是删除 line 变量右面的空格；代码 line.rstrip().ljust(maxlength)，实现 line 去掉右侧的空格后，长度保持为 maxlength，并左对齐；然后在后面添加以“#”开头的行号。同时，使用代码 for i,line in enumerate(lines)遍历 lines 列表的第一项。

（4）11～14 行，将得到的新列表，写入一个新的文件中。其中，第 11 行通过字符串切片，得到新的文件名。

可以看出，使用列表表达式简化了代码，但需要读者深入理解。如果不用列表表达式，代码的可读性对初学者来说可能更好。09 行、10 行的替换代码如下。

```
newlines=[]
for i,line in enumerate(lines):
    aline=line.rstrip().ljust(maxlength)+"$"+str(i+1)+"\n"
    newlines.append(aline1)
```

9.3　问题与思考

1. 什么是文件指针？Python 中使用什么方法操作文件指针？

2. 文本文件有不同的编码方式，UTF-8、Unicode、GBK 等编码方式中，一个汉字各占几个字节的存储空间？

3. 在 Python 中处理 CSV 文件的方法是什么？

4. 将一维数据写入文件和从文件中读取并处理一维数据，通常使用什么方法？

解答

1. Python 用指针表示文件的当前读写位置。在文件读写过程中，文件指针的位置是自动移动的，可以使用 tell()方法测试文件指针的位置，用 seek()方法移动文件指针的位置。

以只读方式打开文件时，文件指针指向文件开头；向文件中写数据或追加数据时，文件指针指向文件末尾；通过设置文件指针的位置，可以实现文件的定位读写。

2. 采用不同的编码方式，写入文件的内容可能是不同的。就汉字编码而言，UTF-8 的 1 个汉字占 3 个字节空间，Unicode 的 1 个汉字占 2 个字节空间，GBK 的 1 个汉字占 2 个字节空间。

3. Python 提供了一个读写 CSV 文件的标准库，可以通过 import csv 语句导入，csv 库包含了操作 CSV 格式文件最基本的功能，典型的方法是 csv.reader()和 csv.writer()，分别用于读和写 CSV 文件。

读者也可以使用文件操作方法，自行编写操作 CSV 文件的方法。

4. 将一维数据的数据项表示为字符串，然后使用字符串的 join()方法，将序列中的元素连接生成一个新的字符串，最后写入文件；从文件中读取一维数据时，字符串的 split()方法可以分解字符串，然后使用遍历循环处理一维数据的数据项。

9.4　习题与解答

1. 选择题

（1）以下关于 Python 文件打开模式的描述中，**错误**的是（　　）。

A. 追加写模式 a　　B. 创建写模式 c

C. 只读模式 r　　D. 覆盖写模式 w

（2）关于 open()函数中的 '+' 打开模式，以下选项中描述正确的是（　　）。

A. 一种写文件的模式　　B. 一种读文件的模式

C. 追加写模式　　D. 与 r、w、a、x 共同使用，具有同时读写功能

（3）以下选项中，不是 Python 文件打开模式的是（　　）。

A. "bw+"　　B. "br+"　　C. 打开模式选项省略　　D. "wr"

（4）以下选项中，不是 Python 文件二进制打开模式的是（　　）。

A. "bt"　　B. "br"　　C. "bx"　　D. "bw"

（5）关于 open()函数的文件名参数，以下选项中描述**错误**的是（　　）。

A. 参数对应的文件如果不存在，打开时会报错

B. 参数对应的文件名不可以是一个目录

C. 参数对应的文件名可以是相对路径

D. 参数对应的文件名可以是绝对路径

（6）使用 open()函数打开 Windows 操作系统 D 盘 pfile 目录下的文件，以下选项中，路径描述**错误**的是（　　）。

A. D:\ pfile\a.txt　　B. D:// pfile//a.txt

C. D:\\ pfile\\a.txt　　D. D:/ pfile/a.txt

（7）以下选项中，不是 Python 文件的读操作方法的是（　　）。

A. readlines()　　B. read()　　C. readchar()　　D. readline()

（8）关于 Python 对文件的处理，以下描述中**错误**的是（　　）。

A. Python 能够以文本和二进制两种方式处理文件

B. 文件使用结束后要用 close()方法关闭，释放文件的使用权

C. Python 使用 open()函数打开一个文件

D. Python 源文件默认的编码方式为 Unicode

（9）给出如下代码，以下选项**错误**的是（　　）。

```
name = input("请输入要打开的文件：")
fi = open(name)
for line in fi.readlines():
    print(line)
fi.close()
```

A. fi.readlines()的内容是一个序列，可以使用 type(fi.readlines())查看其类型

B. 用户输入文件名称，以文本文件方式读入文件的内容并逐行输出

C. 通过 fi.readlines()方法将文件的全部内容读入一个字典 fi 中

D. 代码 for line in fi.readlines()可以写为 for line in fi

（10）关于数据组织的维度，以下选项中描述**错误**的是（　　）。

A. 一维数据可以使用列表或元组来组织

B. 二维数据可以使用列表或元组来组织

C. 高维数据由键值对类型的数据构成，采用对象方式组织

D. 多维数据可以使用树状结构来组织

（11）关于 CSV 文件的描述，**错误**的是（　　）。

A. CSV 文件格式是一种通用的文件格式，可用于在程序之间传递数据

B. CSV 文件每行的数据项必须由逗号分隔

C. CSV 文件的每行是一个一维数据

D. 整个 CSV 文件是一个二维数据

（12）关于高维数据的特征，以下描述中正确的是（　　）。

A. 用列表组织　　B. 用集合组织

C. 用多重列表组织　　D. 用键值对组织

（13）关于表格类型数据的组织维度，正确的是（　　）。

A. 高维数据　　B. 一维数据　　C. 二维数据　　D. 多维数据

（14）已知列表 lst = [3, -3, 2, "ab", "ac", "ad"]，其中的元素包含两种数据类型，关于列表 lst 的数据组织维度，正确的是（　　）。

A. 多维数据　　B. 高维数据　　C. 二维数据　　D. 一维数据

（15）给定字典 dicts = {"id":101, "address":"PKU", "pcode": "111000"}，关于字典 dicts 的数据组织维度，正确的是（　　）。

A. 多维数据　　B. 高维数据　　C. 二维数据　　D. 一维数据

（16）下面的函数中，**不是**文件操作函数的是（　　）。

A. writeline()　　B. writelines()　　C. open()　　D. close()

（17）二维数据用 CSV 文件存储时，以下选项描述**错误**的是（　　）。

A. CSV 文件的每一行表示一个具体的一维数据

B. CSV 文件不能包含二维数据的表头信息

C. CSV 文件不是存储二维数据的唯一方式

D. CSV 文件的每行通常采用逗号分隔多个数据项

（18）表达式",".join(lst)中，lst 是列表类型，以下选项中描述正确的是（　　）。

A. 将逗号增加到列表 lst 中，作为列表的最后一个元素

B. 将逗号增加到列表 lst 中，作为列表的第一个元素

C. 将列表 lst 中的所有元素连接成一个字符串，元素之间增加一个逗号

D. 在列表 lst 每个元素后增加一个逗号

（19）给出二维列表 lst=[[1,2,3], [4,5,6],[7,8,9]]，以下选项中能获取其中元素“6”的是（　　）。

A. lst[2][3]　　B. lst[–2][2]　　C. lst[5]　　D. lst[–2][–2]

（20）给出二维列表 lst=[['a','b','c'], ['a','b','c'],1]，能获取其中一个维度的数据是（　　）。

A. lst[1][1]　　B. lst[–2]　　C. lst[–2][–1]　　D. lst[–1][–1]

（21）给出列表 lst=['1','2',[3, 4,5],6,[7,8,9]]，以下选项中描述正确的是（　　）。

A. lst 可能是多维列表　　B. lst 可能是一维列表

C. lst 可能是二维列表　　D. lst 可能是高维列表

（22）以下方法中，**不能**用于从文件中读取数据的是（　　）。

A. readlines()　　B. readtext()　　C. readline()　　D. read()

（23）关于下面代码中的变量 c，以下选项中描述正确的是（　　）。

```
fname= "D:/ pfile/a.txt"
file = open(fname)
for c in file:
    print(c)
file.close()
```

A. 变量 c 表示文件中的一行字符　　B. 变量 c 表示文件中的一个单词

C. 变量 c 表示文件中的所有字符　　D. 变量 c 表示文件中的一个字符

（24）以下方法中，可以用于从 CSV 文件中解析出一维或二维数据的是（　　）。

A. exists()　　B. split()　　C. format()　　D. join()

（25）关于 CSV 文件的扩展名，以下选项中描述正确的是（　　）。

A. 可以为任意扩展名　　B. 扩展名只能是.txt

C. 扩展名只能是.csv　　D. 扩展名只能是.xls

（26）下列方法中，用于获取当前目录的是（　　）。

A. os.mkdir()　　B. os.listdir()　　C. os.getcwd()　　D. os.mkdir(path)

（27）当使用 open()函数打开一个不存在的文件时，以下选项中描述正确的是（　　）。

A. 一定会报错　　B. 不存在文件无法被打开

C. 文件不存在则创建文件　　D. 根据打开文件的模式不同，可能不报错

（28）能打开并读取 CSV 格式文件的是（　　）。

A. fo = open("123.csv","w")　　B. fo = open("123.csv","r")

C. fo = open("123.csv","a")　　D. fo = open("123.csv","x")

（29）下面代码中，myfile.data 文件的目录是（　　）。

```
file = open("myfile.data","ab")
```

A. C 盘根目录下　　B. 由 path 路径指明

C. Python 安装目录下　　D. 与程序文件在相同的目录下

（30）执行以下程序段，描述**错误**的是（　　）。

```
fout= open('yourfile.txt','w+')
with open("yourfile.py","r+") as f:
    lines=f.readlines()
    for item in lines:
        fout.write(item)
        print(item,end="")
fout.close()
```

A. lines 是列表类型

B. 将文件 yourfile.py 输出

C. 将文件 yourfile.py 复制到 yourfile.txt 文件中

D. 程序执行后，yourfile.py 文件未关闭，需要使用 close()方法关闭

2. 编程题

（1）将从键盘输入的内容逐行写入文件中，当输入“Exit”时程序退出执行。

（2）文件名为 score.csv 的文本文件中记录了学生的姓名、成绩两项信息。编程输出按成绩降序排列的学生信息。

（3）读取一个英文文件，统计文件中某单词出现的次数。

（4）读取一个中文文件，对文件进行中文分词，输出出现频率最高的前 10 个单词。要求输出结果中不包括单字词。

（5）编写程序，实现文本文件的加密和解密功能，具体要求如下。

- 程序使用 key 作为参数，对给定的文本文件执行加密运算，加密后的文件输出到另一文本文件中。
- 加密算法是对于文件中的每个字母，用字母表中其后第 *n* 个字母来替代。其中的 *n* 为密钥。加密后的文件可以用密钥–*n* 来解密。例如，文件内容如果是“abc123<(”，密钥是 4，则加密后

的文件是“efg567@,”。

（6）将当前编写的 Python 源文件中的所有小写字母转换为大写字母，大写字母转换为小写字母，然后保存至文件 temp.txt 中。

（7）将一个文件中的指定单词删除后，复制到另一个文件中。

参考答案

1．选择题

B	D	D	A	A	A	C	D	C	D
B	D	C	D	B	A	B	C	B	B
C	B	A	D	A	C	D	B	D	D

2．编程题

（1）

```
fout=open("d:/a.txt","w")
line=input("请输入内容，Exit 退出")
while(line!="exit"):
    fout.write(line)
    fout.write("\n")
    line=input("请输入内容，Exit 退出")
fout.close()
```

（2）

```
file=open("score.csv")
dicts={}
for line in file:
    items=line.strip().split(",")
    dicts[items[0]]=items[1]
lst=list(dicts.items())
lst.sort(key=lambda x:x[1],reverse=True)
for i in range(len(lst)):
    name,score=lst[i]
    print(name,score)
```

（3）

```
file= open("txt/abstract.txt")
counts ={}
for line in file:
    line.replace(","," ")
    line.replace("。"," ")
    line.replace("? "," ")
    words=line.split()
    for word in words:
        if word not in counts:
            counts[word]=1
        else:
            counts[word]+=1
print(counts)
```

```
#输出出现频率最高的 10 个单词
items = list(counts.items())
items.sort(key = lambda x:x[1],reverse = True)
for i in range(10):
    word,count = items[i]
    print("{0}:{1}".format(word,count))
```

（4）

```
import jieba
txt = open("d:\\python36\\节选.txt","r",encoding ="utf-8").read()
words = jieba.lcut(txt)
counts ={}
for word in words:
    if len(word) == 1:
        continue
    else:
        #counts[word] = counts.get(word,0)+1
        if word not in counts:
            counts[word]=1
        else:
            counts[word]+=1
items = list(counts.items())
items.sort(key = lambda x:x[1],reverse = True)
for i in range(10):
    word,count = items[i]
    print("{0}:{1}".format(word,count))
```

（5）

```
key=6
def encrypted(line):
    temp=""
    for c in line:
        temp+=encrychar(c)
    return temp

def encrychar(c):
    return(chr(ord(c)+key))

def decrypted(line):
    temp=""
    for c in line:
        temp+=decrychar(c)
    return temp

def decrychar(c):
    return(chr(ord(c)-key))

#以下实现加密功能
fin= open("txt/abstract")
fout= open("txt/abstract2","w")
for line in fin:
    fout.writelines(encrypted(line))
fin.close()
fout.close()
#以下实现解密功能
```

```
fin= open("txt/abstract2.txt")
fout= open("txt/abstract3.txt","w")
for line in fin:
    fout.writelines(decrypted(line))
fin.close()
fout.close()
```

（6）

```
fsource=open("demo0722.py")
ftarget=open("temp.txt","w")
temp=""
while True:
    c=fsource.read(1)
    if c.islower():
        temp+=c.upper()
    else:
        temp+=c
    if not c:
        break

ftarget.write(temp)
fsource.close()
ftarget.close()
```

（7）

```
fi=open("thispro.py",'r')
fo=open("f2.txt",'w')
deleteword=input("请输入要删除的单词：")
for line in fi:
    line1=line.replace(deleteword,"")
    #print(line1)
    fo.write(line1)
fi.close()
fo.close()
```

第 10 章 Python 的异常处理

10.1 本章内容概述

在全国计算机等级考试二级 Python 考试大纲中，异常处理部分所占的比例较小。本章只要求掌握基本的异常处理结构，重点是 try…except…else…finally 异常处理结构的应用，以及抛出异常的 raise 关键字的应用。

1. 异常的概念和常见的异常类

异常（Exception）是程序在运行过程中发生的，由于硬件故障、软件设计错误、运行环境不满足等导致的程序错误事件。Python 通过面向对象的方法来处理异常，一段代码运行时如果发生了异常，则生成代表该异常的一个对象，并把它提交给 Python 解释器，解释器寻找相应的代码来处理这一异常。

Python 中所有常见的异常类都是 Exception 的子类，该类定义在 exceptions 模块中。Python 常见的异常类如下。

当尝试访问一个未声明的变量时，会引发 **NameError 异常**；当除数为零时，会引发 **ZeroDivisionError 异常**；当引用序列中不存在的索引时，会引发 **IndexError 异常**；当使用映射中不存在的键时，会引发 **KeyError 异常**；当尝试访问未知的对象属性时，会引发 **AttributeError 异常**；当解释器发现语法错误时，会引发 **SyntaxError 异常**；当试图打开不存在的文件时，会引发 **FileNotFoundError 异常**。

SyntaxError 异常是唯一不在运行时发生的异常。该异常在编译时发生，意思是解释器无法把脚本转换为字节代码，程序无法执行。

读者应通过查阅 Python 文档，掌握各种异常类的功能和使用方法。

2. 异常处理机制

Python 通过 try…except 语句处理异常，帮助用户准确定位异常发生的位置和找出异常发生的原因。完整的语法格式如下。

```
try:
    语句块
except ExceptionName:
    异常处理代码
    …异常处理代码        # except 可以有多条语句
```

```
else:
    无异常发生时的语句块
finally:
    必须执行的语句块
```

- try 语句：用于指定捕获异常的范围，由 try 语句限定的代码块在执行的过程中，可能会生成异常对象并抛出。
- except 语句：except 语句用于处理 try 代码块中生成的异常。except 语句后的参数指明它能够捕获的异常类型。except 语句块中包含的是异常处理的代码。
- else 语句：当 try 语句没有捕获到任何异常信息时，将不执行 except 语句块，而是执行 else 语句块。
- finally 语句：finally 语句为异常处理提供统一的出口，使得控制流转到程序的其他部分之前，能够对程序的状态做统一的管理。不论在 try 代码块中是否发生了异常，finally 语句块中的语句都会被执行。

Python 使用 raise 语句能显式地抛出异常。

3. 断言与上下文管理

assert 语句又称作**断言语句**，指的是用户期望满足的指定条件。当用户定义的约束条件不满足的时候，它会引发 AssertionError 异常。

使用**上下文管理语句 with** 可以自动管理资源，代码块执行完毕后，自动还原进入该代码块之前的现场或上下文。不论何种原因跳出 with 语句块，也不论是否发生异常，总能保证资源被正确释放，简化了程序员的工作。with 语句块多用于打开文件、连接网络、连接数据库等场合。

4. 用户自定义异常类

用户自定义异常类用来处理程序中可能产生的逻辑错误，使得这种错误能够被系统及时识别并处理，而不致扩散产生更大的影响，从而使用户的程序更为健壮，有更好的容错性能，并使整个系统更加安全和稳定。

创建用户自定义异常类时，一般需要完成如下的工作。

（1）声明一个新的异常类，使之以 Exception 类、其他某个已经存在的系统异常类或用户异常类为父类。

（2）为新的异常类定义属性和方法，或重载父类的属性和方法，使这些属性和方法能够体现该类所对应的错误信息。

10.2　典型例题分析

1. 阅读程序 code1001.py，回答问题。

（1）描述程序的功能。

（2）程序的第 11 行和第 13 行，为什么要进行 if source!=None 的判断？

（3）查阅文献，说明 IOError 异常的功能。

```
01  #code1001.py
02  source=target=None
03  try :
04      source=open("temp0801.py",encoding="utf8")
```

```
05      print(source.read(9))
06      target=open("801.txt","w+")
07      target.writelines(source.readline())
08  except (FileNotFoundError,IOError):
09      print("没有找到文件或读写失败")
10  finally:
11      if source!=None:
12          source.close()
13      if target!=None:
14          target.close()
```

解析

（1）程序的功能是打开文件 temp0801.py，如果该文件存在，输出文件的前 9 个字符，再将第 1 行余下的所有字符写入文件“801.txt”中；如果文件不存在，输出“没有找到文件或读写失败”的异常信息；最后关闭两个文件。

（2）finally 语句块是一定会被执行的语句块，其中的代码也可能抛出异常。在程序 code1001.py 中，第 4 行的 temp0801.py 文件如果不存在，第 12 行执行 source.close()语句时，将会因对象不存在而抛出异常。为避免因 source 对象不存在而导致程序退出，故增加一个判断语句，使程序更为健壮。

第 13 行和第 14 行也是同样的原因。

（3）IOError 异常的功能描述如下。

第一种情况，文件确实不存在。当错误地输入了一个不存在的文件名，并试图打开它的时候，程序会因为找不到这个文件而引发 IOError 异常。

第二种情况，文件写入时遇到 IOError 异常。引发该异常的原因极有可能是以读模式打开了文件，在读模式下，如果要写入文件内容，会引起异常；正确的方式应该是在读取文件之后把文件关闭，当需要写入文件时，再将文件以 w+模式写入。

第三种情况，权限问题导致的异常。当不具有访问该文件的权限时，也会引发 IOError 异常。

2. 编写程序 code1002.py，该程序使用 input()函数交互方式输入 n 个数字字符串，再将数字字符串转换为整型并完成求和运算，输入的数据可能具有以下格式。

1234.5

123　45

123xyz456

对可能产生的异常进行捕获和处理。

解析

程序通过 input()函数交互方式输入字符串，如果输入非数字字符串，可能产生 NameError 异常；如果输入的字符串不符合变量的命名规则，使用 eval()函数计算字符串的表达式的结果时，可能产生 SyntaxError 异常。综合上述两类异常，输出“输入数据格式有误”的异常信息。

程序中输入若干数字，然后求和，在 while 无限循环中设置程序结束条件 x==(–999)，即用户输入–999 时，程序结束，输出求和的结果。

程序代码如下。

```
#code1002.py
s=0      # 为求和结果赋初值
try:
    while True:
```

```
        x=eval(input("请输入数值，输入-999 退出程序："))
        if x==(-999):
            break
        s+=x
except (NameError,SyntaxError):
    print("输入数据格式有误")
print("求和结果是：",s)
```

如果使用 int()或 float()函数完成字符串到数值的转化，处理的异常应为 ValueError，请读者注意观察不同异常类的区别，程序代码如下。

```
s=0
try:
    while True:
        x=input("请输入数值：")
        x=float(x)
        if x==(-999):
            break
        s+=x
except ValueError:
    print("输入数据格式有误")
print("求和结果是：",s)
```

3. 编写程序，交互输入姓名和月工资数据，计算年薪，如果输入格式不正确则抛出异常。

解析

程序中的异常主要来自两方面，一是输入工资信息时，输入了非数字格式的数据，会抛出 NameError 或 SyntaxError 异常；二是输入的工资范围可能不正确，如输入了负值或数值太大，这是一个用户自定义的异常类。程序设计如下。

```
01  #code1003.py
02  class FormatException(Exception):
03      def __init__(self,id,message):
04          self.id=id
05          self.message=message
06
07  try:
08      name=input("请输入姓名：")
09
10      n=eval(input("请输入月工资："))
11      if n>30000 or n<0:
12          raise(FormatException("101","工资数据范围有误"))
13      print("{}的年薪为：{}".format(name,n*12))
14  except (NameError,SyntaxError):
15      print("输入工资应为合法的数值类型")
16  except FormatException as fe:
17      print(fe.id,fe.message)
```

（1）输入工资值时，如果输入非数字字符串，或字符串不符合变量的命名规则，可能产生 NameError 异常和 SyntaxError 异常。这两个 Python 的标准异常在第 14、15 行处理。

（2）用户输入工资值时，如果用户输入一个超出工资范围的数（小于 0 或大于 30000），将抛出 FormatException 异常。该异常在第 16、17 行由语句 except FormatException as fe 捕捉。执行该类的构造方法，输出异常的 id 值和相关信息，结束程序运行。

FormatException 是一个用户自定义的异常类，其中定义了构造方法，其功能是传递异常的 id 值和信息描述。

4. 使用异常处理结构对用户输入的数据进行约束。

编写程序，模拟某竞赛现场成绩计算的过程。要求输入大于等于 5 的整数作为评委人数，然后依次输入每个评委的打分，要求分值介于 5～10。所有评委输入分值之后，去掉一个最高分，去掉一个最低分，剩余分数的平均分作为该选手的最后得分。

程序代码如下。

```
01  #code1004.py
02  #输入评委人数，并进行异常处理
03  while True:
04      try:
05          n=int(input("请输入评委人数："))
06          assert n>=5,"必须不少于 5 个评委"
07          break
08      except Exception as result:
09          print("异常信息：",result)
10
11  #用来保存所有分值
12  scores=[]
13  for i in range(n):
14      while True:
15          #对输入分数进行异常处理
16          try:
17              score=float(input('请输入分值:'))
18              assert 5<=score<=10
19              scores.append(score)
20              break
21          except:
22              print("异常信息：分值介于 5～10")
23  #print(scores)
24  #去掉一个最高分，去掉一个最低分
25  scores.remove(max(scores))
26  scores.remove(min(scores))
27
28  #最后得分
29  print("选手最后得分是{:.2f}".format(sum(scores)/len(scores)))
```

解析

（1）程序的第 3 行～第 9 行对输入的数据进行了异常捕捉，如果出现异常，assert 语句中的提示信息将传递给变量 result，并输出。

（2）程序的第 16 行～第 22 行对数据进行了异常捕捉，如果出现异常，且并没有在 assert 语句中给出提示信息，则在 except 语句块中直接输出提示信息。注意比较和第 3 行～第 9 行处理异常的区别。

（3）通过处理列表 scores，使用 remove()方法去掉最高分和最低分，最后在第 29 行输出选手的最后得分。

程序某一次的运行结果如下。

```
>>>
请输入评委人数：4
异常信息： 必须不少于 5 个评委
请输入评委人数：5
请输入分值:6
请输入分值:9.4
请输入分值:4.6
异常信息：分值介于 5~10
请输入分值:5
请输入分值:7
请输入分值:8
选手最后得分是 7.00
```

10.3　问题与思考

1. Python 的异常处理机制有哪些优点？
2. 在 Python 中，except 语句如何捕获所有的异常？
3. Python 的标准异常与用户自定义的异常有何不同？

解答

1. Python 的异常处理机制的优点如下。

- 异常处理结构可以使异常处理的代码和正常执行的程序代码分隔开，增加了程序的清晰性、可读性，明晰了程序的流程。
- 可以将产生的各种不同的异常事件分类处理，也可以把多个异常统一处理，具有相当大的灵活性。
- 引入异常后，可以从 try…except 之间的代码段中快速定位异常出现的位置，提高异常处理的效率。

2. 使用 try…except 结构捕捉异常时，如果在 except 语句中不指明异常类型，Python 可以一次捕捉所有的异常，提高了用户编写程序的效率。但这种方式不能很好地查找异常的类型和位置，适合在程序设计初期使用。

在 except 语句后使用 Exception 类，能区分来自不同语句的异常。Exception 类是所有常见异常类的父类，因此可以捕获所有常见的异常。而且，定义一个 Exception 的对象 result（对象名是任意合法的标识符）用于接收异常处理对象，从而输出异常信息，方便找到异常的位置和类型。

3. Python 定义的标准异常通常对应着软件系统运行过程中发生的典型错误。这种错误可能导致程序运行失败或操作系统产生错误，一般由 Python 解释器定义的异常类来处理。

用户自定义的异常用来处理程序中可能产生的逻辑错误，使得这种错误能够被系统及时识别并处理，而不致扩散产生更大的影响，从而使用户程序更为健壮，有更好的容错性能，并使整个系统更加安全和稳定。

10.4 习题与解答

1. 选择题

（1）Python 中用来抛出异常的关键字是（ ）。

A. try B. except C. raise D. finally

（2）关于异常，下列选项中正确的是（ ）。

A. 异常是一种对象

B. 一旦程序运行，异常将被创建

C. 为了保证程序运行的速度，要尽量避免使用异常处理机制

D. 所有的异常都可以被捕获

（3）运行下面的代码，产生异常类型的描述中，正确的选项是（ ）。

```
>>> student={"sname":"Rose","sid":201}
>>> student["sname"]
'Rose'
>>> student["semail"]
```

A. KeyError B. AttributeError C. IndexError D. NameError

（4）程序运行产生异常后，如果需要完成释放资源、关闭文件、关闭数据库等操作，应当使用的语句块是（ ）。

A. try 语句块 B. except 语句块 C. finally 语句块 D. else 语句块

（5）运行下面的程序，关于程序的输出结果，正确的选项是（ ）。

```
s=[0,1,2,3]
a = len(s)
try:
   b = 42 / a
   c = 42/s[4]
except IndexError:
   print("索引超越边界异常" )
except ZeroDivisionError:
    print("除 0 异常" )
else:
   print("正常运行，无异常" )
```

A. 程序输出：除 0 异常 B. 程序输出：索引超越边界异常

C. 程序输出：b=10.5 D. 程序输出：正常运行，无异常

（6）下列关于 try…except…finally 语句的描述中，正确的选项是（ ）。

A. try 语句后面的程序段将给出处理异常的语句

B. except 语句在 try 语句后面，该语句可以不接异常名称

C. except 语句后的异常名称与异常类的含义是相同的

D. finally 语句后面的代码段不一定总是被执行的，如果抛出异常，该代码不执行

（7）下列关于创建用户自定义异常的描述中，**错误**的选项是（ ）。

A. 用户自定义异常需要继承 Exception 类或其他异常类

B. 在方法中声明抛出异常关键字的是 throw 语句

C. 捕捉异常通常使用 try…except…else…finally 结构

D. 使用异常处理会使整个系统更加安全和稳定

（8）当 try 语句中没有任何错误信息时，一定不会执行的语句是（　　）。

A. try　　B. else　　C. finally　　D. except

（9）下面的 Python 代码 s=123+"test1"运行时，解释器抛出的异常信息类型是（　　）。

A. NameError　　B. SyntaxError　　C. TypeError　　D. IndexError

（10）如果 Python 程序中没有导入相关的模块（如 import math），程序在执行代码 print(math.pi*5*2)时，解释器抛出的错误类型是（　　）。

A. 语法错误　　B. 运行时错误　　C. 逻辑错误　　D. IO 错误

2. 程序阅读题

（1）阅读如下代码，如果在当前文件夹中找不到文本文件 test.txt，则输出结果是什么？

```
try:
    myfile=open("test.txt")
    print("success")
except FileNotFoundError:
    print("Location 1")
finally:
    print("Location 2")
print("Location 4")
```

（2）阅读如下代码，如果 tryThis()函数抛出 ValueError 异常，则输出结果是什么？

```
try:
    print("This is a test")
    tryThis()
#return
except IndexError:
    print("exception 1")
except:
    print("exception 2")
finally:
    print("finally")
```

（3）阅读如下代码，分析程序的运行结果。

```
def throwit():
    raise  RuntimeError
try :
    print("Hello world ")
    throwit()
    print("Done with try block ")
except:
     print("RuntimeError ")
finally:
    print("Finally executing ")
```

3. 编程题

（1）使用 input()函数输入一行数据，其中包括用逗号分隔得到的 5 个数值型数据，放入列表 intArr 中，然后输出出来。要求：如果输入的数据不是数值，要捕获 ValueError 异常，显示“请输入数值型数据”；如果输入的数据项不足 5 个，抛出索引范围越界的异常，显示“请输入至少 5 个数据”。

（2）定义一个 Circle 类，其中有求面积的方法，当半径小于 0 时，抛出一个用户自定义异常。

参考答案

1. 选择题

C　A　B　C　B　　B　B　D　C　B

2. 程序阅读题

（1）因为在当前文件夹中找不到文本文件 test.txt，将抛出 FileNotFoundError 异常，输出“Location 1”；在异常处理结构中，finally 语句块总会被执行，输出“Location 2”；在 try…except 结构外部的输出语句正常执行，输出“Location 4”。

因此，代码的执行结果如下。

```
Location 1
Location 2
Location 4
```

（2）try 语句块中的 print("This is a test")语句正常执行，输出“This is a test”；执行 tryThis()函数，抛出 ValueError 异常，该异常被 except 语句块捕捉，输出“exception 2”；finally 语句块总会被执行，输出“finally”。

因此，代码的执行结果如下。

```
This is a test
exception 2
finally
```

（3）try 语句块中的 print("Hello world")语句正常执行，输出“Hello world”；调用 throwit()函数，该函数抛出 RuntimeError 异常，该异常被 except 语句块捕捉，输出“RuntimeError”；finally 语句块总会被执行，输出“Finally executing”。

因此，代码的执行结果如下。

```
Hello world
RuntimeError
Finally executing
```

3. 编程题

（1）

```
s=input("请输入用英文逗号分隔的数值数据：")
intArr=s.split(",")
try:
    for i in intArr:
        print(float(i))
    print("测试第 5 个数据：",intArr[4])
except ValueError:
    print("请输入数值型数据")
except IndexError:
    print("请输入至少 5 个数据")
else:
    print("程序正常结束")
```

```
finally:
    print("bye")
```

（2）

```
import math
class UserException(Exception):
    def __init__(self,id,message):
        self.id=id
        self.message=message

class Circle:
    def __init__(self,r):
        self.r = r

    def getArea(self):
        if self.r<0:
            raise(UserException(101,"半径小于 0 异常"))
        return math.pi*self.r*self.r


try:
    r=eval(input("请输入数据: "))
    circle=Circle(r)
    print("圆的面积是{:.2f}".format(circle.getArea()))
except UserException as ue:
    print("错误 id:{} ,错误信息: {}".format(ue.id,ue.message))
```

第 11 章 tkinter GUI 编程

11.1 本章内容概述

全国计算机等级考试二级 Python 考试大纲不涉及本章的内容，本章内容的重点是 tkinter GUI 编程的基础知识和简单应用。

1. tkinter 编程概述

tkinter 是 Python 用于图形用户界面编程的标准库。tkinter GUI 程序设计步骤如下。

① 使用 import tkinter 语句或 from tkinter import *语句导入 tkinter 模块。

② 创建主窗口对象。如果未创建主窗口对象，tkinter 将默认顶层窗口为主窗口对象。

③ 创建标签、按钮、输入框、列表框等组件对象。

④ 打包组件，将组件显示在其父容器中。

⑤ 启动事件循环，启动 GUI 窗口，等待响应用户操作。

2. tkinter 编程常用的方法

（1）设置窗口和组件的属性的方法

title()方法：设置窗口的标题。

geometry()方法：设置窗口的大小。

config()方法：设置组件的文本、对齐方式、前景色、背景色等属性。

（2）布局管理的方法

pack()方法：以块的方式布局组件，该方法将组件显示在默认位置，是最简单的用法。

grid()方法：网格布局，按照二维表格的形式，将容器划分为若干行和若干列，组件的位置由行列所在的位置确定。

place()方法：使用绝对坐标精确地控制组件在容器中的位置。

3. tkinter 的常用组件

tkinter 组件用于构造窗口中的对象，常用的组件包括标签、按钮、输入框、列表框、复选框等。

（1）Label 组件

Label 是用于创建标签的组件，主要用于显示不可修改的文本、图片或者图文混排的内容。典型的属性包括 text、bg 和 fg、width 和 height、padx 和 pady、justify、font 等。

（2）Button 组件

Button 是用于创建按钮的组件，通常用于响应用户的单击操作。Button 组件的 command 属性用于指定响应函数，其他的大部分属性与 Label 组件的属性相同。

（3）Entry 组件

Entry 组件即输入组件，用于显示和输入简单的单行文本，Entry 组件与 Label 组件的部分属性相同。

控制变量是与组件相关的一个重要概念。控制变量是一种特殊对象，与组件相关联。tkinter 模块提供了布尔型、双精度、整数和字符串 4 种控制变量，分别使用 BooleanVar()函数、DoubleVar()函数、IntVar()函数、StringVar()函数声明。例如，使用 Entry 组件时，Entry 组件的 textvariable 属性会关联一个 StringVar()类型的控制变量，textvariable 的值和 Entry 组件中的文本会关联变化。

（4）Listbox 组件

Listbox 组件用于创建列表框，其中包括多个列表项，每项为一个字符串。列表框允许用户一次选择一个或多个列表项。listvariable 属性关联一个 StringVar()类型的控制变量，该变量关联列表框的全部选项。

（5）Radiobutton 组件

Radiobutton 组件用于创建单选按钮组。其重要的属性有 variable 和 value。variable 属性关联 IntVar()或 StringVar()类型的控制变量。当 value 值与关联的控制变量的值相等时，选项被选中。

（6）Checkbutton 组件

Checkbutton 组件用于创建复选框，用来标识是否选定某个选项。Checkbutton 组件与 Radiobutton 组件的功能类似，但 Radiobutton 组件实现的是单选功能；而 Checkbutton 组件可以在系列选项中选择 0 个或多个选项，实现复选功能。

tkinter 的组件还包括 Text 组件和 Spinbox 组件等。Text 组件用来显示和编辑多行文本，Spinbox 组件用于创建在一组选项或一定范围的数字内滚动选择的组件。

4. tkinter 的事件处理

图形用户界面经常需要响应用户对鼠标、键盘的操作，这就是**事件处理**。产生事件的鼠标、键盘等称作**事件源**，其操作称为**事件**。对这些事件做出响应的函数称为**事件处理程序**。事件处理通常使用组件的 command 属性或组件的 bind()方法来实现。

以 Button 按钮为例，单击按钮时将触发事件，然后调用指定的函数。由 command 属性指定的函数也叫回调函数。

事件处理也可以使用 bind()方法来为组件的事件绑定处理函数。语法格式如下。

```
widget.bind(event,handler)
```

其中，widget 是事件源，即产生事件的组件；event 是事件或事件名称；handler 是事件处理程序。

11.2 典型例题分析

1. 编写图形用户界面的应用程序。

求两个正整数的最小公倍数。要求：设计两个输入框 txt1、txt2，用来输入整型数据；一个按钮；一个不可编辑的输入组件 txt3。当单击按钮时，在 txt3 中显示两个正整数的最小公倍数。运行结果如图 11-1 所示。

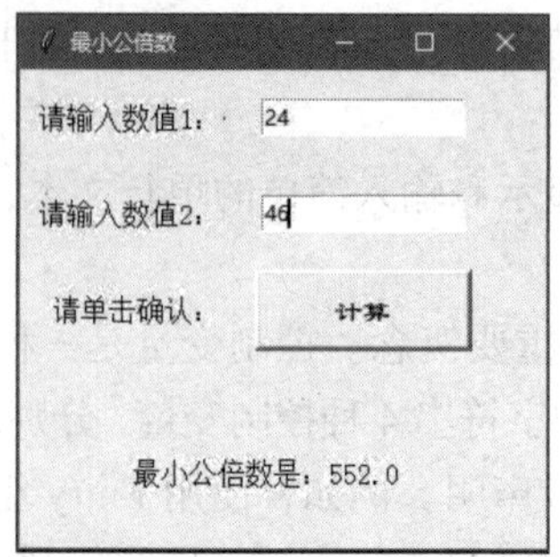

图 11-1　程序运行结果

程序代码如下。

```
#code1101.py
from tkinter import *
def computing():
    n1 = int(number1.get())
    n2=int(number2.get())
    if n1<n2:n1,n2=n2,n1
    t=n1*n2
    temp=n1%n2
    while temp!=0:
        n1=n2
        n2=temp
        temp=n1%n2
    result="最小公倍数是："+ str(t/n2)
    label3.config(text=result)

win=Tk()
win.title("最小公倍数")
win.geometry("300x300")
label1=Label(win,text='请输入数值 1：  ')
label1.config(width=16,height=3)
label1.config(font=('宋体',12))
label1.grid(row=0,column=0)
number1 = StringVar()
txt1 = Entry(win,textvariable = number1,width=16)
txt1.grid(row=0,column=1)

label0=Label(win,text='请输入数值 2：  ')
label0.config(width=16,height=3,font=('宋体',12))
label0.grid(row=1,column=0)
number2 = StringVar()
txt2 = Entry(win,textvariable = number2,width=16)
txt2.grid(row=1,column=1)

label2=Label(win,text='请单击确认：')
label2.config(width=14,height=3,font=('宋体',12))
label2.grid(row=2,column=0)

label3=Label(win,text='显示结果 ')
label3.config(width=22,height=3,font=('宋体',12))
```

```
40  label3.place(x=50,y=200)
41
42  button1=Button(win,text="计算")
43  button1.config(justify=CENTER)             #设置按钮文本居中
44  button1.config(width=14,height=2)          #设置按钮的宽和高
45  button1.config(bd=3,relief=RAISED)         #设置边框的宽度和样式
46  button1.config(anchor=CENTER)              #设置内容在按钮内部居中
47  button1.config(font=('隶书',12))
48  button1.config(command=computing)
49  button1.grid(row=2,column=1)
50
51  win.mainloop()
```

解析

（1）程序的第 3 行～第 14 行是 computing()函数，该函数计算两个数的最小公倍数，并显示在标签 label3 中，是 tkinter GUI 的事件响应程序。

（2）第 16 行～第 18 行设置运行界面的基本属性。程序的第 19 行～第 45 行，设置 4 个 Label 组件、2 个 Entry 组件、1 个 Button 组件的属性，并结合使用了 grid()布局和 place()布局方式。

强调下面两点。一是代码 txt1 = Entry(win,textvariable = number1,width=16)的作用是将 txt1 组件显示在顶层容器 win 中，并将 number1 作为控制变量，与 Entry 组件的属性 textvariable 相关联，其宽度为 16 个字符。二是使用 config()方法设置组件属性时，可以分行逐项设置，也可以在一个 config()方法中同时设置多项属性。

2. 使用菜单组件 Menu 编写菜单程序。

菜单程序的运行结果如图 11-2 所示。

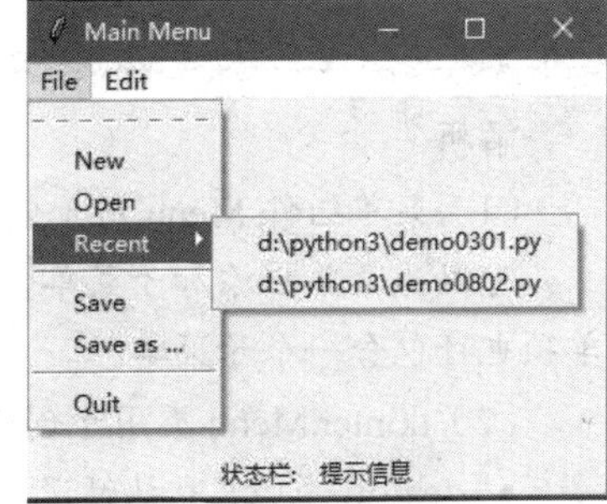

图 11-2　程序运行结果

程序代码如下。

```
#code1102.py
from tkinter import *
win=Tk()
win.title("Main Menu")
win.geometry("300x200+100+100")

label1=Label(text="状态栏：　提示信息")
label1.pack(side=BOTTOM)

menubar=Menu(win)
win.config(menu=menubar)

def showmsg(msg):    #响应函数
    label1.config(text=msg)

file=Menu(menubar,tearoff=True)
file.add_command(label="New",command=lambda:showmsg("new…"))
file.add_command(label="Open",command=lambda:showmsg("open…"))

recent=Menu(file,tearoff=0)
recent.add_command(label=r"d:\python3\demo0301.py",
```

```
command=lambda:showmsg("demo0301.py…"))
22   recent.add_command(label=r"d:\python3\demo0802.py",
command=lambda:showmsg("demo0802.py…"))
23   file.add_cascade(label="Recent",menu=recent)
24   file.add_separator()
25
26   file.add_command(label="Save",command=lambda:showmsg("save…"))
27   file.add_command(label="Save as …",command=lambda:showmsg("save as …"))
28   file.add_separator()
29   file.add_command(label="Quit",command=lambda:showmsg("quit"))
30   menubar.add_cascade(label="File",menu=file)
31
32   edit=Menu(menubar,tearoff=False)
33   edit.add_command(label="Copy",command=lambda:showmsg("copy…"))
34   edit.add_command(label="Cut",command=lambda:showmsg("cut…"))
35   edit.add_separator()
36   edit.add_command(label="Paste",command=lambda:showmsg("paste…"))
37   menubar.add_cascade(label="Edit",menu=edit)
38
39   def popmenu(event):      #弹出式菜单
40       edit.post(event.x_root,event.y_root)
41
42   win.bind("<Button-3>",popmenu)
```

解析

（1）菜单组件 Menu 用于创建一个菜单。该菜单可作为窗口的菜单栏或弹出菜单。

可以为菜单栏添加子菜单，子菜单中的菜单项可以是文本、复选框或单选按钮，子菜单的菜单项也可包含一个子菜单。

（2）tkinter.Menu 类用于创建菜单，菜单的部分属性与标签相同，其他常用属性和方法如下。

- tearoff 属性：默认情况下，一个 Menu 对象包含的子菜单的第一项为一条虚线，单击虚线，可使子菜单变成一个独立的窗口；如果 tearoff 的值为 0，则不显示此虚线。
- add_command()方法：添加一个菜单项。可用 label、bitmap 或 image 参数指定显示文本或图片，command 参数指定选择菜单项时执行的回调函数。
- add_cascade()方法：将另一个 Menu 对象添加为当前 Menu 对象的子菜单，使用 label、bitmap 或 image 参数指定菜单项显示的文本、位图图片，menu 参数设置为菜单的 Menu 对象。
- add_radiobutton()方法：将一个单选按钮添加为菜单项。
- add_checkbutton()方法：将一个复选框添加为菜单项。
- add_separator()方法：为菜单项之间添加一条横线作为分隔符。
- post()方法：在指定位置弹出 Menu 对象的子菜单。

（3）当单击某菜单项时，在窗口下方的状态栏中显示对应的提示信息。

第 16 行～第 30 行定义了 File 菜单，其中，第 20 行～第 24 行定义了一个级联菜单。第 32 行～第 37 行定义了 Edit 菜单。

第 39 行和第 40 行定义了弹出式菜单的响应函数 popmenu()，第 42 行使用 bind()函数进行了绑定。

代码的第 5 行 win.geometry("300x200+100+100")的含义是将窗口大小设置为 300px × 200px，同时，指定窗口位置为距上和左各 100px。

3. 用户注册信息保存在一个二维列表中，编写图 11-3 所示的 GUI 程序。

User Information

用户注册信息

序号	用户名	密码
101	admin	99214
208	Jack	op890
1	Rose	@lnnu
10	John	<>MN

图 11-3　程序运行效果

程序代码如下。

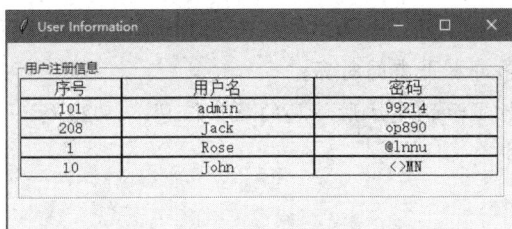

```
01  #code1103.py
02  from tkinter import *
03  win=Tk()
04  win.title("User Information")
05  win.geometry("500x220+200+200")
06
07  users=[[101,"admin","99214"],[208,"Jack","op890"],[1,"Rose","@lnnu"],[10,"John","<>MN"]]
08  #定义标签框架
09  mainframe=LabelFrame(text="用户注册信息")
10  mainframe.pack(anchor=CENTER,pady=15,padx=10,ipadx=6,ipady=10)
11
12  mainframe.columnconfigure(1,minsize=100)
13  mainframe.columnconfigure(2,minsize=190)
14  mainframe.columnconfigure(3,minsize=180)
15
16  Label(mainframe,text='序号',font=('宋体',12),bd=1,
17                      relief=SOLID).grid(row=1,column=1,sticky=N+E+S+W)
18  Label(mainframe,text='用户名',font=('宋体',12),bd=1,
19                      relief=SOLID).grid(row=1,column=2,sticky=N+E+S+W)
20  Label(mainframe,text='密码',font=('宋体',12),bd=1,
21                      relief=SOLID).grid(row=1,column=3,sticky=N+E+S+W)
22  rn=2
23  for x in users:
24      cn=1
25      for a in x:
26          Label(mainframe,text=str(a),font=('宋体',11),bd=1,
27               relief=SOLID).grid(row=rn,column=cn,sticky=N+E+S+W)
28          cn+=1
29      rn+=1
```

解析

参考图 11-3，完成的程序主要包括下面几个要点。

（1）用户信息保存在列表中，见代码第 7 行。

（2）用户注册信息显示在一个标签框架中，并设置该标签框架为 pack()布局，注册信息显示为 grid()布局。

为保证不同列的宽度，在第 12 行～第 15 行通过 mainframe.columnconfigure()方法设置各列的最小宽度。

（3）第 17 行的 sticky=N+E+S+W 选项，含义是以水平方向和垂直方向拉升的方式填充单元格。

类似地，sticky=E+W 的含义是，表向水平方向拉升而保持垂直中间对齐；sticky=N+S 的含义是，表向垂直方向拉升而保持水平中间对齐。

（4）第 16 行～第 21 行显示的是注册信息的表头信息。第 22 行～第 29 行是读取列表中的注册信息数据，显示在表格中。

11.3 问题与思考

1. 框架布局有什么特点？

2. 如何设置组件的 font 属性？

3. tkinter 模块中，使用 StringVar()、BooleanVar()、IntVar()、DoubleVar()等 4 种函数声明变量（对象），其作用是什么？

4. Python 的 GUI 编程中，组件和容器的概念有什么区别？

解答

1. 框架（Frame）是一个容器组件，用于对组件进行分组，可以实现复杂的布局。框架常用的属性包括 bd（边框宽度）、relief（边框样式）、width 和 height（宽度和高度）等。此外，LabelFrame 是一种标签框架，与 Frame 框架的区别是，标签框架可以使用 text 属性显示一个标签文本。

下面的代码在框架 frma 中添加了一个标签和一个输入文本框。

```
frma = Frame()
frma.pack()
lblUname = Label(frma,text="UserName",width=10,fg="black")
etyUname = Entry(frma,width=20)
```

2. 组件的 font 属性用于设置字体名称、字体大小、字体特征等。font 属性是一个复合属性，通常表示为一个三元组，基本格式为(family,size,special)。family 是表示字体名称的字符串，size 是表示字体大小的整数，special 是表示字体特征的字符串。size 为正整数时，字体大小的单位为点；size 为负整数时，字体大小的单位为像素。

special 字符串中，可使用关键字表示字体特征：normal（正常）、bold（粗体）、italic（斜体）、underline（下画线）、overstrike（删除线）。

例如，下面的代码设置了标签 label 的字体：

label.config(font=('宋体',14,'bold italic underline overstrike'))

3. 使用 tkinter 模块中的 StringVar()、BooleanVar()、IntVar()、DoubleVar()等函数创建的对象也称为控制变量，它和组件相关联。例如，控制变量与 Entry 组件关联时，控制变量的值和 Entry 组件中的文本会关联变化；将控制变量与 Radiobutton 组件（单选按钮组）关联时，改变单选按钮的选择时，控制变量的值随之改变；反之，改变控制变量的值，对应值的单选按钮被选中。

需要强调，只有创建主窗体或创建组件后，才能创建 StringVar()、BooleanVar()、IntVar()、DoubleVar()变量。

4. **组件**是指标签、按钮、列表框等对象，需要将其放在容器中显示。**容器**是指可放置其他组件或容器的对象，如窗口或 Frame（框架），容器也可以叫作容器组件。

11.4　习题与解答

1．选择题

（1）下列 tkinter 组件中，属于容器类组件的是（　　）。

A．Button　　B．Entry　　C．LabelFrame　　D．Radiobutton

（2）下列选项中，不属于 tkinter 的扩展库的是（　　）。

A．ttk 库　　B．Pmw 库　　C．wxPython 库　　D．Tix 库

（3）下列组件中，可以用于处理多行文本的选项是（　　）。

A．Label　　B．Text　　C．Entry　　D．Menu

（4）下面是 tkinter 组件背景颜色属性的描述，r、g、b 均为十六进制整数，错误的选项是（　　）。

A．bg= '#rgb '　　B．bg= '#rrggbb '

C．bg= 'blue '(颜色名称)　　D．bg= 'rgb '

（5）使用 bind()方法来为按钮组件 button1 绑定事件处理函数，代码如下：

```
button1.bind("<Button-1>",leftkey)
```

下列选项中，错误的是（　　）。

A．button1 是事件源　　B．leftkey 是事件处理程序

C．bind 是事件处理函数　　D．<Button-1>是事件或事件名称

（6）下面关于 Python 文件扩展名的描述，错误的是（　　）。

A．.py　　B．.pyw　　C．.pyc　　D．.pbj

（7）在 tkinter 的布局管理方法中，可以精确定义组件位置的方法是（　　）。

A．place()　　B．grid()　　C．frame()　　D．pack()

（8）可以接收单行文本输入的组件是（　　）。

A．Text　　B．Label　　C．Entry　　D．Listbox

（9）最有可能在容器底端依次摆放 3 个组件的布局样式是（　　）。

A．用 grid()方法设计布局管理器　　B．用 pack()方法设计布局管理器

C．用 place()方法设计布局管理器　　D．用 grid()和 pack()方法结合设计布局管理器

（10）以下关于设置窗口属性的方法中，不正确的选项是（　　）。

A．title()　　B．config()　　C．geometry()　　D．mainloop()

2．编程题

（1）计算用户输入的若干整数之和，整数之间用英文逗号分隔。运行界面如图 11-4 所示，在输入框中输入数据后，单击“计算”按钮，输出结果。

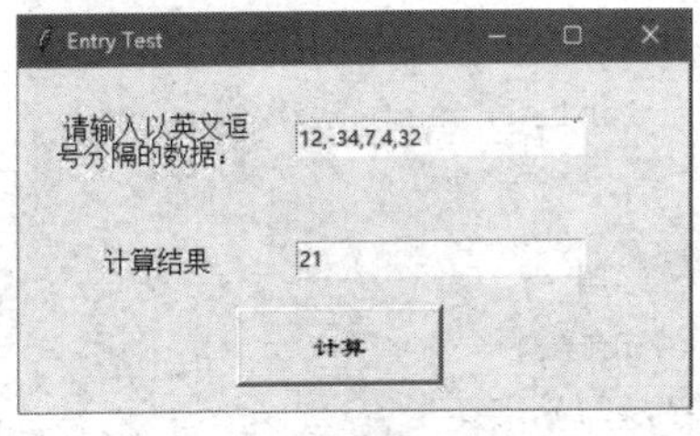

图 11-4　程序运行界面

（2）使用 Label 组件和 Button 组件制作简易的图片浏览器，运行效果如图 11-5 所示。

图 11-5　程序运行效果

（3）设计 GUI 界面，模拟 QQ 登录界面，用户输入用户名和密码，如果正确提示登录成功；否则提示登录失败。

参 考 答 案

1. 选择题

C　C　B　D　C　　D　A　C　D　D

2. 编程题

（1）

```
from tkinter import *
def computing():
    sum = 0
    str1=number.get()
    lst= str1.split(",")
    for i in lst:sum+=int(i)
    entry2.insert(2,sum)

win=Tk()
win.title("Entry Test")
win.geometry("400x200")
label1=Label(win,text='请输入以英文逗号分隔的数据： ')
label1.config(width=20,height=5)
label1.config(font=('宋体',12))
label1.grid(row=0,column=0)
number = StringVar()
entry1 = Entry(win,textvariable = number,width=24)
entry1.grid(row=0,column=1)

label2=Label(win,text='计算结果')
label2.config(width=14,height=3)
label2.config(font=('宋体',12))
label2.grid(row=1,column=0)
```

```
entry2 = Entry(win,width=24)
entry2.grid(row=1,column=1)

button1=Button(win,text="计算")
button1.config(justify=CENTER)              #设置按钮文本居中
button1.config(width=14,height=2)           #设置按钮的宽和高
button1.config(bd=3,relief=RAISED)          #设置边框的宽度和样式
button1.config(anchor=CENTER)               #设置内容在按钮内部居中
button1.config(font=('隶书',12))
button1.config(command=computing)
button1.place(x=130,y=140)

win.mainloop()
```

（2）

```
import tkinter as tk
import os

class PicBrowser(tk.Frame):
    #构造函数，初始化图片目录,初始化显示
    def __init__(self,master=None):
        self.files=os.listdir(r"f:\img")
        self.index=0
        self.img=tk.PhotoImage(file=r"f:\img"+"\\"+self.files[self.index])
        tk.Frame.__init__(self,master)
        self.lblImage=tk.Label(self,width=320,height=280)
        self.lblImage['image']=self.img
        self.lblImage.pack()
        self.pack()

        self.createButton()
    #创建浏览按钮
    def createButton(self):
        self.frm=tk.Frame()
        self.frm.pack()
        self.btnPrev=tk.Button(self.frm,text="上一张",command=self.prev)
        self.btnPrev.pack(side=tk.LEFT)
        self.btnNext=tk.Button(self.frm,text="下一张",command=self.next)
        self.btnNext.pack(side=tk.LEFT)
    #响应函数
    def prev(self):
        self.showfile(-1)
    def next(self):
        self.showfile(1)
    def showfile(self,n):
        self.index+=n
        if self.index<0:self.index=len(self.files)-1
        if self.index>len(self.files)-1:self.index=0
        self.img=tk.PhotoImage(file=r"F:\示例 4\img"+"\\"+self.files[self.index])
        self.lblImage['image']=self.img
#主控程序
win=tk.Tk()
```

```
win.title("图片浏览器")
picbrower=PicBrowser(master=win)
win.mainloop()
```

（3）

```
import tkinter
import tkinter.messagebox
import sqlite3

#创建应用程序窗口
win = tkinter.Tk()
varName = tkinter.StringVar()
varName.set('')
varPwd = tkinter.StringVar()
varPwd.set('')
#创建标签
labelName = tkinter.Label(text='User Name:', justify=tkinter.RIGHT,width=80)
labelName.place(x=10, y=5, width=80, height=20)
#创建文本框，同时设置关联的变量
entryName = tkinter.Entry(win, width=80,textvariable=varName)
entryName.place(x=100, y=5, width=80, height=20)
labelPwd = tkinter.Label(win, text='User Pwd:', justify=tkinter.RIGHT, width=80)
labelPwd.place(x=10, y=30, width=80, height=20)
#创建密码文本框
entryPwd = tkinter.Entry(win, show='*',width=80, textvariable=varPwd)
entryPwd.place(x=100, y=30, width=80, height=20)

userinfo=[{"admin":"111"},{"zhange3":"222"}]
def login():    #登录按钮事件处理函数
    #获取用户名和密码
    name = entryName.get()
    pwd = entryPwd.get()

    dict1={}
    dict1[name]=pwd
    if dict1 in userinfo:  #如果取得记录
        tkinter.messagebox.showinfo(title='Python tkinter',message='OK')
    else:
        tkinter.messagebox.showerror('Python tkinter', message='Error')

def cancel():      #取消按钮的事件处理函数
    varName.set('')
    varPwd.set('')
#创建按钮组件，同时设置按钮事件处理函数
buttonOk = tkinter.Button(win, text='Login', command=login)
buttonOk.place(x=30, y=70, width=50, height=20)
buttonCancel = tkinter.Button(win, text='Reset', command=cancel)
buttonCancel.place(x=90, y=70, width=50, height=20)
win.mainloop()    #启动消息循环
```

第 12 章 Python 的数据库编程

12.1 本章内容概述

全国计算机等级考试二级 Python 只在公共基础知识部分考查数据库的基础内容，不包括本章的 SQL 语言和 SQLite3 数据库编程等内容。本章内容的重点是数据库的基础知识和 Python 的 SQLite3 编程。

1. 数据库的基础知识

（1）数据库的概念

数据库（DB）将大量数据按照一定的方式组织并存储起来，是相互关联的数据的集合。数据库在数据库系统中使用，数据库系统的核心是数据库管理系统。

数据库系统是基于数据库的计算机应用系统，主要包括数据库、数据库管理系统、相关软硬件环境和数据库用户。其中，数据库管理系统是数据库系统的核心。

数据库管理系统（DBMS）是用来管理和维护数据库的、位于操作系统之上的系统软件，具有数据定义、数据操纵、数据库运行管理、数据通信等功能。其中，数据库的运行管理是 DBMS 的核心部分。

SQLite 是关系型的、轻量级的数据库管理系统。

（2）关系型数据库

关系型数据库是目前的主流数据库。通常，一个关系型数据库中都包含多个表。关系型数据库的基本概念包括关系、元组、属性、域、关键字等。

一个关系就是一张二维表，通常将一个没有重复行、重复列的二维表看成一个关系；二维表水平方向的行在关系中称为元组，一个元组对应表的一条记录；二维表垂直方向的列在关系中称为属性，每个属性都有一个属性名，属性值则是各个元组属性的取值。

属性的取值范围称为域。在关系中，若其值能唯一地标识一个元组的属性或属性的组合，则称其为关键字。关键字可表示为属性或属性的组合。

实体是指客观世界的事物，实体的集合构成实体集，关系数据库中用二维表来描述实体。实体间联系的类型分为：一对一联系、一对多联系和多对多联系。

（3）Python 的 sqlite3 模块

Python 内置了 SQLite 数据库，通过内置的 sqlite3 模块可以直接访问数据库。

2. SQLite 数据库

SQLite 是一个开源的关系数据库。SQLite 数据库不需要安装，直接运行 sqlite3.exe 即可打开 SQLite 数据库的命令行窗口。按 Ctrl + Z 组合键，然后按回车键，可以退出命令行窗口。

（1）SQLite3 的命令

SQLite3 的命令可以分为两类，一类是 SQLite3 交互模式常用的命令，另一类是操作数据库的 SQL 命令。使用 SQLite3 的命令可以很方便地管理数据库，具体如下。

- sqlite3.exe [dbname]：启动 SQLite 的交互模式，并创建 dbname 数据库。
- .open dbname：若数据库不存在，则创建数据库；若已存在，则打开数据库。
- .databases：显示当前打开的数据库文件。
- .tables：查看当前数据库下的所有表。
- .schema [tbname]：查看表结构信息。
- .exit：退出交互模式。
- .help：列出命令的提示信息。

（2）SQLite 数据库中的数据

SQLite 数据库中的数据分为整数、小数、字符、日期、时间等类型。SQLite3 使用动态的数据类型，数据库管理系统会根据列的值自动判断列的数据类型。SQLite3 的动态数据类型能够向后兼容其他数据库普遍使用的静态类型，也就是说，在使用静态数据类型的数据库上使用的数据表，在 SQLite3 上也能被使用。

SQLite3 使用弱数据类型，除了被声明为主键的 integer 类型外，允许保存任何类型的数据到表的任何列中。事实上，SQLite3 的表也可以不声明字段的类型。

3. 关系数据库语言 SQL

SQL（Structured Query Language）为结构化查询语言，是通用的关系型数据库操作语言，可以实现数据定义、数据操纵和数据控制等功能。常用的 SQL 命令动词如下。

数据查询命令 SELECT，数据操纵命令 INSERT、DELETE、UPDATE，数据定义命令 CREATE、DROP、ALTER，本章只涉及上面 7 个命令，实际上还有数据控制命令 GRANT、REVOKE。

4. Python 的 SQLite3 编程

Python 的数据库模块都有统一的接口标准，数据库操作都有统一的模式。访问 SQLite3 数据库的主要过程如下。

导入 Python 的 sqlite3 数据库模块；建立数据库连接的 Connection 对象；创建游标对象 Cursor；使用 Cursor 对象的 execute()方法执行 SQL 命令返回结果集；获取游标的查询结果集；数据库的提交和回滚；关闭 Cursor 对象和 Connection 对象。

主要的代码如下。

```
>>> import sqlite3
>>> dbstr="d:/sqlite/test.db"
>>> con=sqlite3.connect(dbstr)  #连接到数据库，返回 sqlite3.Connection 对象
>>> cur=con.cursor()
>>> cur.execute("create table emp(id int primarykey,name varchar(12),age integer(2))")
>>> cur.execute("insert into emp values(?,?,?)",(201,"Mary",21))
<sqlite3.Cursor object at 0x0BD273A0>
>>> cur.execute("select * from emp")
<sqlite3.Cursor object at 0x0BD273A0>
>>> print(cur.fetchall())          #提取查询到的数据
```

```
>>> con.commit()
>>> cur.close()
>>> con.close()
```

12.2　典型例题分析

1. 使用 Cursor 对象的 execute()系列方法执行 SQL 命令。

Cursor 对象的 execute()、executemany()、executescript()等方法可以用来操作或查询数据库，操作语句分为以下 4 种，其中，cur 是一个 Cursor 对象。

- cur.execute(sql)：执行 SQL 语句。
- cur.execute(sql,parameters)：执行带参数的 SQL 语句。
- cur.executemany(sql, seg_of_ parameters)：根据参数列表多次执行 SQL 语句。
- cur.executescript(sql_script)：执行 SQL 脚本。

下面的代码分别使用上面的 4 种语句，首先建立 emp 表，然后向表中插入、修改、删除记录。

emp 表的结构描述为：emp(id int primarykey,name varchar(12),age integer(2))。

```
>>> import sqlite3
##（1） 连接数据库
>>> dbstr="d:/sqlite/test.db"
>>> con=sqlite3.connect(dbstr)  #连接到数据库，还回 sqlite3.Connection 对象
>>> cur=con.cursor()
##（2） 创建表
>>> cur.execute("create table emp(id int primarykey,name varchar(12),age integer(2))")
##（3） 执行 SQL 语句，cur.execute(sql)
>>> sqlstr1="insert into emp values(900,'Zh3',17)"
>>> cur.execute(sqlstr1)
<sqlite3.Cursor object at 0x01246A20>
##（4） 执行带参数的 SQL 语句，cur.execute(sql,parameters)
>>> sqlstr2="insert into emp values(?,?,?)"
>>> cur.execute(sqlstr2,(901,'Li4',19))
<sqlite3.Cursor object at 0x01246A20>
##（5） 根据参数列表多次执行 SQL 语句，cur.executemany(sql, seg_of_ parameters)
>>> lst=[(905,'W2',17),(906,'Feng5',19),(101,'Taneg',23)]
>>> cur.executemany(sqlstr2,lst)
<sqlite3.Cursor object at 0x01246A20>
##（6） 执行 SQL 本 cur.executescript(sql_script)
>>> scripttxt='''
    insert into emp values(802, '武松',34);
    update emp set name="Trump" where name="W2";
    delete from emp where name="zh3";
    '''
>>> cur.executescript(scripttxt)
<sqlite3.Cursor object at 0x01246A20>
##（7） 显示查询结果
>>> cur.execute("select * from emp")
<sqlite3.Cursor object at 0x01246A20>
>>> print(cur.fetchall())
```

```
>>>cur.close()
>>>con.close()
```

2. 将 Excel 工作表中的数据导入 SQLite 数据库。

有一个 Excel 文件 book1.xlsx，其数据如图 12-1 所示。请将 book1.xlsx 中的数据导入 **SQLite** 数据库中。

解析

（1）将 Excel 中的数据导入 SQLite 数据库，可以采用将 Excel 文件转换为 csv 文件，再将 csv 文件导入SQLite数据库的方法。在Excel 中打开 book1.xlsx，然后将文件另存为 book1.csv。book1.csv 是文本文件，用逗号分隔每行数据，如图 12-2 所示。

book1.xlsx

	A	B	C	D	E
1					
2	id	姓名	性别	地区	津贴标准
3	100	Rose	女	大连	7800
4	201	John	女	沈阳	7600
5	304	Feng	男	大连	8900
6	205	Trump	女	广州	9000

Sheet1 Sheet2 Sheet3

图 12-1 book1.xlsx 的内容

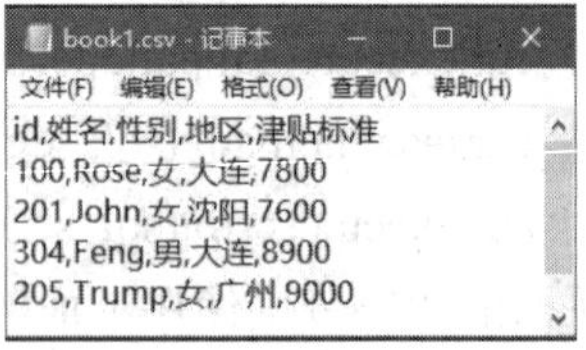
book1.csv - 记事本

文件(F) 编辑(E) 格式(O) 查看(V) 帮助(H)

id,姓名,性别,地区,津贴标准
100,Rose,女,大连,7800
201,John,女,沈阳,7600
304,Feng,男,大连,8900
205,Trump,女,广州,9000

图 12-2 book1.csv 的内容

（2）Python 的 csv 模块提供了操作 csv 文件的方法。下面程序的功能是：在 testdb.db 数据库中创建一个 workers 表，再将 book1.csv 中的数据写入 workers 表中，并在屏幕上显示。

```
#code1202.py
import sqlite3
#连接数据库并创建表
con=sqlite3.connect("d:/sqlite/testdb")
createstr="create table IF NOT EXISTS workers(id int,姓名 text,性别 text,地区 text,津贴标准 int)"
con.execute(createstr)
filename=input("请输入要导入的 csv 文件路径和文件名: ")
file=open(filename,newline="")

#数据写入 workers 表
import csv
datas=csv.reader(file,delimiter=",")
lst=[]
for x in datas:
    lst.append(tuple(x))

del lst[0]            # 删除 csv 文件的表头数据
con.executemany("insert into workers values(?,?,?,?,?)",lst)
#显示数据库中的数据
cur=con.execute("select * from workers")
for x in cur.fetchall():print(x)
con.commit()
```

3. 将用户注册信息保存在一个二维列表中，编写图 12-3 所示的图形用户界面应用程序。

解析

本题读取的数据信息来自 SQLite 数据库，数据库名是 d:/sqlite/test.db，表名是 userinfo。

Test Menu

用户注册信息

序号	用户名	密码
101	admin	99214
208	Jack	op890
1	Rose	@lnnu
10	John	<>MN

图 12-3　图形用户界面应用程序

程序代码如下。

```
#code1203.py
from tkinter import *
import sqlite3
win=Tk()
win.title("User Information")
win.geometry("500x220+200+200")

#定义标签框架
mainframe=LabelFrame(text="用户注册信息")
mainframe.pack(anchor=CENTER,pady=15,padx=10,ipadx=6,ipady=10)
mainframe.columnconfigure(1,minsize=100)
mainframe.columnconfigure(2,minsize=190)
mainframe.columnconfigure(3,minsize=180)

Label(mainframe,text='序号',font=('宋体',12),bd=1,
                        relief=SOLID).grid(row=1,column=1,sticky=N+E+S+W)
Label(mainframe,text='用户名',font=('宋体',12),bd=1,
                        relief=SOLID).grid(row=1,column=2,sticky=N+E+S+W)
Label(mainframe,text='密码',font=('宋体',12),bd=1,
                        relief=SOLID).grid(row=1,column=3,sticky=N+E+S+W)

# 连接数据库的通用函数
def getConnection():
    dbstring="d:/sqlite/test.db"
    conn=sqlite3.connect(dbstring)
    print(conn)
    return conn
#获取 userinfo 表中的数据信息
def getdata():
    dbinfo=getConnection()
    cur=dbinfo.cursor()
    sqlstr="select * from userinfo"
    cur.execute(sqlstr)
    #print(cur.fetchall())
    return cur.fetchall()

users=getdata()
rn=2
for x in users:
    cn=1
    for a in x:
        Label(mainframe,text=str(a),font=('宋体',11),bd=1,
```

```
43                relief=SOLID).grid(row=rn,column=cn,sticky=N+E+S+W)
44            cn+=1
45        rn+=1
```

程序的第 4 行～第 20 行是 tkinter 图形用户界面；程序的第 22 行～第 27 行连接数据库；第 28 行～第 35 行获取 userinfo 表中的数据信息，保存在列表 users 中；第 37 行～第 45 行，从列表 users 中读取数据并显示，如图 12-3 所示。

12.3 问题与思考

1. SQLite 数据库的连接对象和游标对象各有什么功能？
2. 列举出 SQLite 数据库支持的 5 种数据类型。SQLite 数据库的动态数据类型有什么特点？
3. 游标对象的 fetch 系列方法有什么区别？

解答

1. Connect 对象是数据库连接对象，所有的数据库操作均通过 Connect 对象来完成。连接对象也用于生成游标对象。

Cursor 游标对象用于执行各种 SQL 语句，如 create table、update、insert、delete 等。例如，执行 select 语句都使用游标对象，查询结果保存在游标对象中。

通常，连接对象也可执行各种 SQL 语句。

2. SQLite3 使用动态的数据类型，数据库管理系统会根据列的值自动判断列的数据类型。这与多数 SQL 数据库管理系统使用静态数据类型是不同的。SQLite3 的动态数据类型能够向后兼容其他数据库普遍使用的静态类型。

SQLite 数据库支持多种数据类型，例如：

integer 表示 32 位整数；float 表示 32 位浮点数；char(n)表示固定长度字符串，n 的取值不能大于 254；varchar(n)表示不固定长度字符串，n 的取值不能大于 4000；date 表示日期；等等。

3. fetch 系列方法用于获取游标的查询结果集。cur 是游标对象，具体如下。

- cur.fetchone()：返回结果集的下一行（Row 对象）；无数据时，返回 None。
- cur.fetchall()：返回结果集的剩余行（Row 对象列表）；无数据时，返回空 List。
- cur.fetchmany()：返回结果集的多行（Row 对象列表）；无数据时，返回空 List。

12.4 习题与解答

1. 选择题

（1）SQL 用于限定分组查询条件的短语是（　　）。

A. order by　　B. group by　　C. having　　D. asc

（2）下面关于 SQL 语句中的短语的描述中，正确的是（　　）。

A. 必须是大写的字母　　B. 必须是小写的字母

C. 大小写字母均可　　D. 大小写字母不能混合使用

（3）SQL 命令：insert into s (id,name,sex) values (1, 'MM ', 'male ') where id=9 语句的功能是（　　）。

A. 向 s 表中插入 id 值为 1 的记录　　B. 不正确的 SQL 命令

C. 向 s 表中插入 id 值为 9 的记录　　D. 向 s 表中插入记录

（4）SQL 语句“update stu set 年龄=年龄+1”的功能是（　　）。

A. 将 stu 表中的所有学生的年龄变为 1 岁

B. 将 stu 表中的所有学生的年龄增加 1 岁

C. 将 stu 表中当前记录的学生的年龄增加 1 岁

D. 将 stu 表中当前记录的学生的年龄变为 1 岁

（5）要在 Python 中连接 SQLite 的 test 数据库，其代码是（　　）。

A. conn= sqlite3.connect("e:\db\test")　　B. conn= sqlite3.connect("e:/db/test")

C. conn= sqlite3.Connect("e:\db\test")　　D. conn= sqlite3.Connect("e:/db/test")

（6）关于 SQLite3 的数据类型，下面说法中**不正确**的是（　　）。

A. SQLite3 数据库中，表的主键应为 integer 类型

B. SQLite3 的动态数据类型与其他数据库使用的静态类型是不兼容的

C. SQLite3 的表完全可以不声明列的类型

D. SQLite3 数据库支持日期类型

（7）已知 Cursor 对象 cur，使用 Cursor 对象的 execute()方法来返回结果集，下列命令**不正确**的是（　　）。

A. cur.execute()　　B. cur.executeQuery()

C. cur.executemany()　　D. cur.executescript()

（8）下列选项中，**不属于** sqlite 数据类型的是（　　）。

A. smallint　　B. int　　C. float　　D. date

（9）下列选项中，**不属于** sqlite3 模块中的对象的是（　　）。

A. sqlite3.Connect　　B. sqlite3.Cursor　　C. sqlite3.Row　　D. sqlite3.version

（10）下列选项中，**不属于** Connect 对象 conn 的方法是（　　）。

A. conn.commit()　　B. conn.close()　　C. conn.execute()　　D. conn.open()

2. 编程题

（1）完善本章典型例题分析中的 code1203.py 程序，要求如下。

在显示界面上增加 1 列“安全指数”，如果密码小于 8 位，安全指数的值为 False；否则安全指数的值为 True。

将 userinfo 表中的信息按用户名和密码升序输出。

程序运行效果如图 12-4 所示。

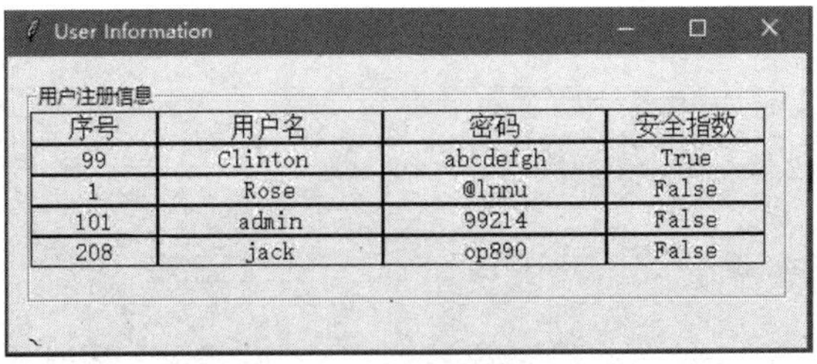

User Information

用户注册信息

序号	用户名	密码	安全指数
99	Clinton	abcdefgh	True
1	Rose	@lnnu	False
101	admin	99214	False
208	jack	op890	False

图 12-4　程序运行效果

（2）设计 GUI 界面，模拟用户登录功能，用户输入用户名和密码，如果正确提示登录成功；

否则提示登录失败，用户的密码信息保存在 SQLite 数据库中。

有 SQLite 数据库 d:/sqlite/test.db，其中有表 users，其结构为(username,pwd)，该表中保存了用户登录信息。

参考答案

1．选择题

C　C　B　B　B　　B　B　B　D　D

2．编程题

（1）

```
#code1204.py
from tkinter import *
import sqlite3
win=Tk()
win.title("User Information")
win.geometry("500x220+200+200")

#定义标签框架
mainframe=LabelFrame(text="用户注册信息")
mainframe.pack(anchor=CENTER,pady=15,padx=10,ipadx=6,ipady=10)
mainframe.columnconfigure(1,minsize=80)
mainframe.columnconfigure(2,minsize=140)
mainframe.columnconfigure(3,minsize=140)
mainframe.columnconfigure(4,minsize=100)

Label(mainframe,text='序号',font=('宋体',12),bd=1,
                    relief=SOLID).grid(row=1,column=1,sticky=N+E+S+W)
Label(mainframe,text='用户名',font=('宋体',12),bd=1,
                    relief=SOLID).grid(row=1,column=2,sticky=N+E+S+W)
Label(mainframe,text='密码',font=('宋体',12),bd=1,
                    relief=SOLID).grid(row=1,column=3,sticky=N+E+S+W)
Label(mainframe,text='安全指数',font=('宋体',12),bd=1,
                    relief=SOLID).grid(row=1,column=4,sticky=N+E+S+W)

# 连接数据库的通用函数
def getConnection():
    dbstring="d:/sqlite/test.db"
    conn=sqlite3.connect(dbstring)
    print(conn)
    return conn
#获取 userinfo 表中的数据信息
def getdata():
    dbinfo=getConnection()
    cur=dbinfo.cursor()
    sqlstr="select * from userinfo order by username,password"    #排序
    cur.execute(sqlstr)
```

```
    return cur.fetchall()

users=getdata()
rn=2
for x in users:
    cn=1
    for a in x:

        Label(mainframe,text=str(a),font=('宋体',11),bd=1,
              relief=SOLID).grid(row=rn,column=cn,sticky=N+E+S+W)

        cn+=1
        ####################  新增列值判断
        if len(str(x[2]))<8:
            flag=False
        else:
            flag=True
        #显示列值
        Label(mainframe,text=str(flag),font=('宋体',11),bd=1,
              relief=SOLID).grid(row=rn,column=cn,sticky=N+E+S+W)
        #####################
    rn+=1
```

（2）

```
import tkinter
import tkinter.messagebox
import sqlite3

#创建应用程序窗口
win = tkinter.Tk()
varName = tkinter.StringVar()
varName.set('')
varPwd = tkinter.StringVar()
varPwd.set('')
#创建标签
labelName = tkinter.Label(text='User Name:', justify=tkinter.RIGHT,width=80)
labelName.place(x=10, y=5, width=80, height=20)
#创建文本框，同时设置关联的变量
entryName = tkinter.Entry(win, width=80,textvariable=varName)
entryName.place(x=100, y=5, width=80, height=20)
labelPwd = tkinter.Label(win, text='User Pwd:', justify=tkinter.RIGHT, width=80)
labelPwd.place(x=10, y=30, width=80, height=20)
#创建密码文本框
entryPwd = tkinter.Entry(win, show='*',width=80, textvariable=varPwd)
entryPwd.place(x=100, y=30, width=80, height=20)

# 连接数据库的通用函数
def getConnection():
    dbstring="d:/sqlite/test.db"
    conn=sqlite3.connect(dbstring)
    return conn
#print(getConnection())  测试连接是否成功
```

```
def login():    #登录按钮事件处理函数
    #获取用户名和密码
    name = entryName.get()
    pwd = entryPwd.get()
    #获取 users 表中的数据信息
    dbinfo=getConnection()
    cur=dbinfo.cursor()
    sqlstr="select * from user where username=? and pwd=?"
    cur.execute(sqlstr,(name,pwd))
    if cur.fetchone() !=None:  #如果取得记录
        tkinter.messagebox.showinfo(title='Python tkinter',message='OK')
    else:
        tkinter.messagebox.showerror('Python tkinter', message='Error')

def cancel():    #取消按钮的事件处理函数
    varName.set('')
    varPwd.set('')
#创建按钮组件，同时设置按钮事件处理函数
buttonOk = tkinter.Button(win, text='Login', command=login)
buttonOk.place(x=30, y=70, width=50, height=20)
buttonCancel = tkinter.Button(win, text='Reset', command=cancel)
buttonCancel.place(x=90, y=70, width=50, height=20)
win.mainloop()   #启动消息循环
```

第 13 章 科学计算与图表绘制

13.1 本章内容概述

全国计算机等级考试二级 Python 考试大纲要求读者了解与科学计算和图表绘制相关的常用第三方库。本章内容主要包括 numpy 库和 matplotlib 库的使用方法，这部分不是二级 Python 的考试内容。

1. Python 常见的第三方库

第三方库扩展了 Python 的功能，部分常见的第三方库分类整理如下。

与科学计算相关的库包括 numpy、matplotlib、sklearn、scipy、pandas 等，与 Web 开发相关的库包括 Django、Scrapy、Flask、WeRoBot 等，与网络爬虫相关的库包括 BeautifulSoup4 和 requests，与文件打包相关的库包括 Wheel 和 pyinstaller。此外，常见的第三方库还包括中文分词库 jieba、图像处理库 PIL 等。

在 Python 3.x 下，使用 pip3 命令或 pip 命令安装第三方库。

2. numpy 库

该库用于实现创建 numpy 数组、数组的访问和运算等功能，它是其他科学计算库的基础。

（1）numpy 数组

numpy 库处理的最基础的数据类型是 numpy 数组，numpy 数组是一个多维数组对象，称为 ndarray。numpy 数组的下标从 0 开始，同一个 numpy 数组中所有元素的类型必须是相同的。

（2）创建 numpy 数组

使用下列函数创建 numpy 数组。

array()函数：从列表或元组创建数组。

zeros()函数：创建一个全为 0 的数组。

ones()函数：创建一个全为 1 的数组。

empty()函数：创建一个内容随机并且依赖于内存状态的数组。

arange()函数：返回一个数列形式的数组。

linspace()函数：返回一个数列形式的数组。

（3）numpy 数组的访问和运算

numpy 数组中的元素使用下标访问，可以通过方括号括起一个下标来访问数组的单一元素，也可以用切片的形式来访问数组中的多个元素。

numpy 数组的算术运算是按元素逐个运算的，运算后将返回包含运算结果的新数组。

（4）numpy 数组的形状操作

数组的形状（Shape）取决于其每个轴上的元素个数，可以使用 reval()、reshape()、transpose() 等函数修改数组的形状。

reval()函数：用于降低数组的维度。

reshape()函数：用于改变数组的维度。

transpose()函数：用于转置数组。

3. matplotlib 库

matplotlib 是 Python 的 2D 和 3D 绘图库，适合交互式地绘图和可视化图片。安装 matplotlib 之前先要安装 numpy。

matplotlib 的 pyplot 子库提供了大量的绘图 API，可以帮助用户快速绘制 2D 图表。通常使用 import matplotlib.pyplot as plt 语句导入库，用 plt 作为 matplotlib.pyplot 库的别名。

matplotlib.pyplot 库主要的绘图函数如下。

plt.figure() 函数：用于创建一个绘图对象。

plt.plot()函数：在当前的 figure 对象中绘图。

plt.savefig()函数：将当前的 figure 对象保存为图像文件。

plt.legend()函数：在绘图区域中放置图例。

plt.show() 函数：显示创建的绘图对象。

pyplot 库提供的绘图 API 还包括 plt.hist()函数、plt.bar()函数、plt.pie()函数、plt.sactter()函数等，分别用于绘制直方图、条形图、饼图、散点图等。

13.2 典型例题分析

1. 阅读下面的代码，分析 numpy 库的算术运算功能。

```
>>> import numpy as np
>>> a1=np.array((1,2,3))
>>> b1=np.array(([1,2,3],(4,5,6),(7,8,9)))
>>> a1+100
array([101, 102, 103])
>>> b1*2
array([[ 2,  4,  6],
       [ 8, 10, 12],
       [14, 16, 18]])
>>> a1
array([1, 2, 3])
>>> b1
array([[1, 2, 3],
       [4, 5, 6],
       [7, 8, 9]])

>>> a1+np.array((100,200,300))
array([101, 202, 303])
>>> a1+b1
array([[ 2,  4,  6],
       [ 5,  7,  9],
```

```
         [ 8, 10, 12]])
11  >>> np.sum(b1)
    45
12  >>> np.sum(b1,axis=0)
    array([12, 15, 18])
13  >>> np.sum(b1,axis=1)
    array([ 6, 15, 24])
```

解析

（1）程序的第 1 行导入 numpy 库，别名为 np。第 2 行和第 3 行定义了两个 ndarray，分别包括 3 个元素，其中，b1 的 3 个元素均是列表。

（2）第 4 行和第 5 行完成的是 ndarray 与标量的运算。为方便查看后面代码的运算结果，第 6 行和第 7 行重新显示了 a1 和 b1 两个数组。

（3）第 9 行和第 10 行完成两个数组的加法运算，参加运算的两个数组必须有相同的维度。

（4）第 11 行对数组 b1 中的所有元素求和，第 12 行对数组的每列求和，第 13 行对数组的每行求和。

2. 给出如下两个列表 a 和 b，编写程序，计算列表 a 与 b 逐项乘积的累加和。

```
a = [[1,2,3], [4,5,6], [7,8,9]]
b = [3,6,9]
```

解析

第一种方法，用循环实现。

```
#code1302_1.py
a = [[1,2,3], [4,5,6], [7,8,9]]
b = [3,6,9]
s = 0
for c in a:
    for j in range(3):
        s += c[j]*b[j]
print(s)
```

第二种方法，用 numpy 数组实现。

```
#code1302_2.py
import numpy as np
a = [[1,2,3], [4,5,6], [7,8,9]]
b = [3,6,9]
a1=np.array(a)
b1=np.array(b)
print(np.sum(a1*b1))
```

3. 使用 numpy 库中的 piecewise()函数计算分段函数的值，并使用 matplotlib.pyplot 库的函数绘制图形。

$$y=\begin{cases} x^2 & (x \leqslant 6) \\ x-10 & (15<x<30) \\ \sqrt{x} & (36<x<50) \\ 10 & (\text{其他情况}) \end{cases}$$

解析

numpy 库中的函数 piecewise()可以根据给定的条件实现筛选功能，然后对满足不同条件的元素进行指定的操作，并得到新的结果。

piecewise()函数的原型是：

```
numpy.piecewise(x, condlist, funclist, *args, **kw)
```

其中，参数 x 表示操作的数据对象；参数 condlist 表示要满足的条件列表，可以是多个条件构成的列表；参数 funclist 是执行的操作列表，参数 condlist 与参数 funclist 是对应的，当参数 condlist 为 true 的时候，则执行对应的操作函数。该函数返回一个 array 对象，和原始操作对象 x 具有完全相同的维度和形状。

程序代码如下。

```
01  #code1303.py
02  import numpy as np
03  import matplotlib
04  import matplotlib.pyplot as plt
05
06  matplotlib.rcParams['font.family']='SimHei'  #指定默认字体
07  matplotlib.rcParams['font.sans-serif']='SimHei'
08  plt.rcParams['axes.unicode_minus']=False     #用来正常显示负值
09
10  x = np.arange(0,50,0.5)
11  conditions=[x<=6, (x>15)&(x<30),(x>36) &(x<50)]
12  functions=[lambda x:x**2,lambda x:x-10,lambda x:pow(x,0.5),lambda x:10]
13  y=np.piecewise(x, conditions, functions)
14  #print(y)
15  plt.xlabel("x-变量")
16  plt.ylabel("y-变量")
17  plt.title("函数图像")
18  plt.plot(x,y)
19  plt.show()
```

（1）代码的第 2 行～第 4 行导入相关的第三方库，代码第 6 行～第 8 行的功能是在图形中正确显示中文。

（2）第 10 行定义 x 轴数据。

（3）第 11 行和第 12 行分别定义 piecewise()函数的条件和对应的操作函数；第 13 行计算 x 轴数据对应的 y 轴的数据。

（4）第 15 行～第 18 行配置绘图参数并显示。程序运行结果如图 13-1 所示。

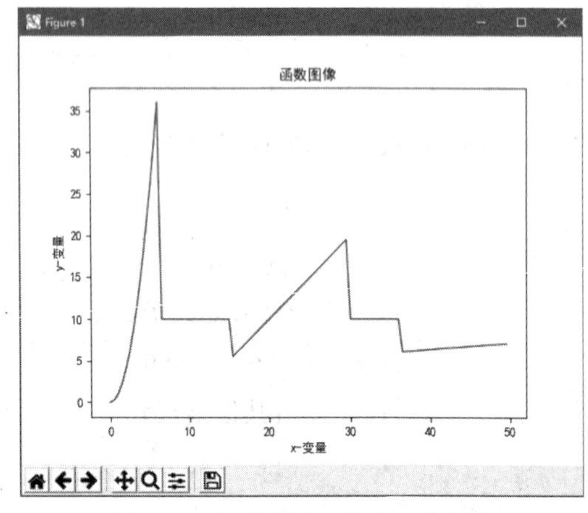

图 13-1　根据分段函数绘制的图形

4. 输入正多边形的边数和半径，绘制正多边形。

程序代码如下，运行结果如图 13-2 所示。

```
01  #code1304.py
02  import numpy as np
03  import matplotlib.pyplot as plt
04
05  def circleXY(sideNum,r):
06      theta=np.linspace(0,2*np.pi,sideNum,False)
07      x=r*np.sin(theta)
08      x=np.append(x,x[0])
09      y=r*np.cos(theta)
10      y=np.append(y,y[0] )
11
12      return (x,y)
13  #主控程序
14  fig,ax=plt.subplots()
15  plt.subplots_adjust(left=0.1,bottom=0.25)
16  try:
17      sideNum=int(input("请输入多边形的边数："))
18      r=int(input("请输入多边形的半径："))
19  except:
20      print("输入数据有误，默认的边数为 8，半径为 15")
21      sideNum=8;r=15
22
23  x,y=circleXY(sideNum,r)
24  l=plt.plot(x,y,lw=2,color='red')
25  plt.savefig("u_polygon.jpg",dpi=100)
26  plt.show()
```

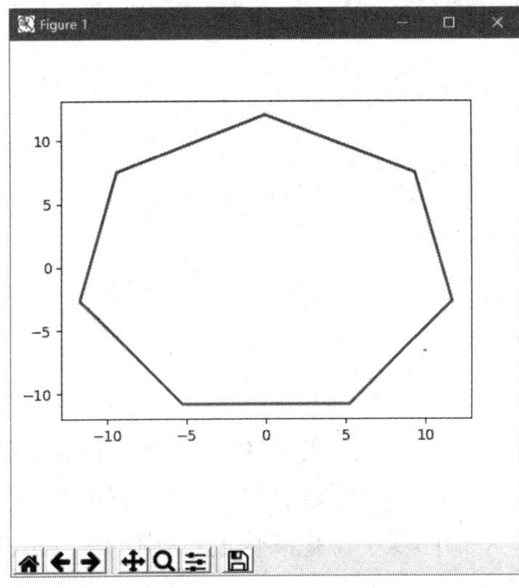

图 13-2　根据指定参数绘制的正多边形

解析

（1）程序的第 1 行和第 2 行分别导入 numpy 库和 matplotlib.pyplot 库。

（2）第 5 行～第 12 行定义 circleXY(sideNum,r)函数，返回用于绘图的 x 轴和 y 轴数据。其中，第 6 行用指定的边数来绘制一个完整的圆；第 8 行和第 10 行用于增加一个点，实现图形的首尾连接。

（3）第 16 行～第 21 行交互输入边数和半径，如果输入有误，在异常处理部分设置默认的边数为 8，半径为 15。

（4）第 24 行绘制折线图，第 25 行保存图形，第 26 行显示图形。

13.3 问题与思考

1. numpy 数组的形状操作使用哪些函数？通过例子说明。
2. 如何使用 numpy 数组完成图像的灰度变换？

解答

1. 数组的形状(Shape)取决于其每个轴上的元素个数，可以使用 reval()、reshape()、transpose()、resize()等函数修改数组的形状。

reval()函数用于降低数组的维度，reshape()用于改变数组的维度，transpose()用于转置数组，resize()函数用于改变数组的形状。示例如下。

```
>>> import numpy as np
>>> arr=np.array((['a','b','c','d'],['1','2','3','4'],['j','q','k','a']))
>>> arr
array([['a', 'b', 'c', 'd'],
       ['1', '2', '3', '4'],
       ['j', 'q', 'k', 'a']], dtype='<U1')
>>> arr.ravel()
array(['a', 'b', 'c', 'd', '1', '2', '3', '4', 'j', 'q', 'k', 'a'],
      dtype='<U1')
>>> arr.transpose()
array([['a', '1', 'j'],
       ['b', '2', 'q'],
       ['c', '3', 'k'],
       ['d', '4', 'a']], dtype='<U1')
>>> arr.reshape(2,6)
array([['a', 'b', 'c', 'd', '1', '2'],
       ['3', '4', 'j', 'q', 'k', 'a']], dtype='<U1')
>>> arr.resize(4,3)
>>> arr
array([['a', 'b', 'c'],
       ['d', '1', '2'],
       ['3', '4', 'j'],
       ['q', 'k', 'a']], dtype='<U1')
```

2. 使用 numpy 数组处理图像，首先要使用 PIL 库中的 Image 模块读取图像，再使用 numpy 数组的 array()方法将图像转换为 numpy 的数组对象，之后就可对图像数据进行数学操作了。下面是图像灰度变换、反相处理、平滑图像、锐化图像的示例代码，图 13-3、图 13-4 分别显示了反相显示的图像和平滑后的图像。

```
>>> from PIL import Image
>>> import numpy as np
>>> img=Image.open("test2.png")
>>> img.show()          #显示原图像

>>> im1=np.array(img.convert("L"),'f')          #灰度化处理
```

```
>>> im2=255-im1
>>> im3=(100.0/255)*im1+100
>>> im4=255.0*(im1/255.0)**2


>>> pim1=Image.fromarray(im1)
>>> pim1.show()
>>> pim2=Image.fromarray(im2)
>>> pim2.show()                          #反相显示图像

>>> pim3=Image.fromarray(im3)
>>> print(im3.min(),im3.max())    #112.15686274509804 200.0 平滑后的数据
>>> pim3.show()                          #显示平滑图像

>>> im4=255.0*(im1/255.0)**2
>>> pim4=Image.fromarray(im4)
>>> print(im4.min(),im4.max())           # 3.7686276 255.0 锐化后的数据
>>> pim4.show()                          #显示锐化图像
```

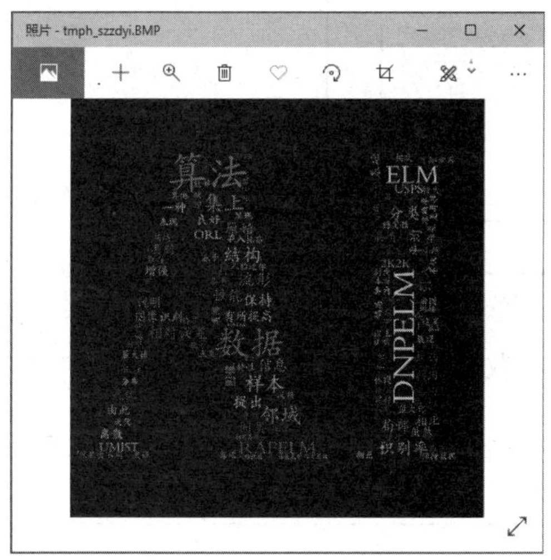

图 13-3　反相显示的图像

图 13-4　平滑后的图像

13.4　习题与解答

1. 选择题

（1）代码 import matplotlib.pyplot as plt 中，plt 的含义是（　　）。

A. 函数名　　B. 类名　　C. 库的别名　　D. 变量名

（2）阅读下面的代码，其中 savefig()函数的作用是（　　）。

```
import matplotlib.pyplot as plt
plt.plot([9, 7, 15, 2, 9])
plt.savefig('si.png')
```

A. 显示绘制的数据图　　B. 刷新绘制的数据图

C. 缓存绘制的数据图　　D. 存储绘制的数据图

（3）以下选项中，不是 matplotlib.pyplot 的绘图函数的是（　　）。

A. scatter()　　B. bar()　　C. pie()　　D.curve()

（4）不能生成 ndarray 对象的选项是（　　）。

A. arr1 = np.array([0, 1, 2, 3, 4])　　B. arr2 = np.array({0:0,1:1,2:2,3:3,4:4})

C. arr3 = np.array((0, 1, 2, 3, 4)　　D. arr4 = np.array(0, 1, 2, 3, 4)

（5）以下选项中，不能用于科学计算的库是（　　）。

A. scipy　　B. pandas　　C. numpy　　D.Wheel

2. 编程题

（1）绘制图 13-5 所示的正弦三角函数 y=sin(x)和余弦三角函数 y=cos(x)的图形。

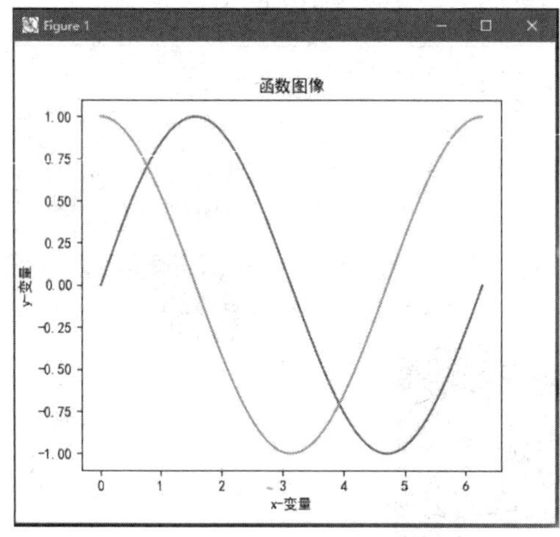

图 13-5　程序运行效果

（2）绘制图 13-6 所示的余弦三角函数 y=cos(2x)的散点图。

提示　使用 import matplotlib.pyplot as plt 和 help(plt.scatter)命令可查看绘制散点图的帮助信息。

（3）绘制图 13-7 所示的散点图。

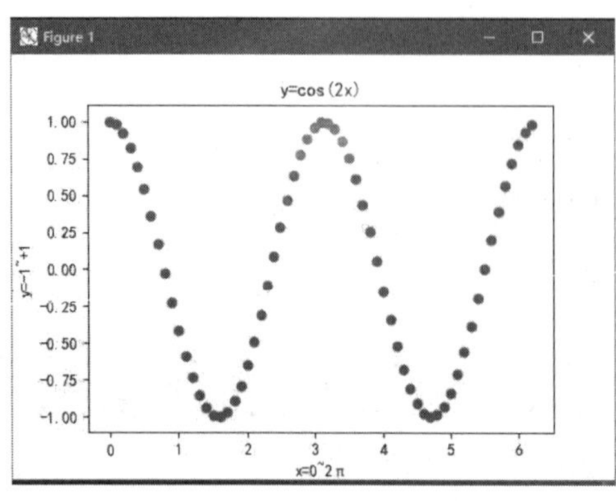

图 13-6　余弦三角函数的散点图

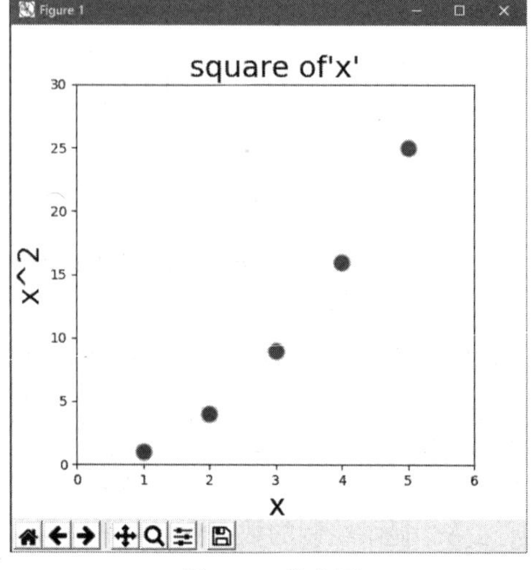

图 13-7　散点图

参考答案

1. 选择题

C　D　D　D　D

2. 编程题

（1）

```
import numpy as np
import matplotlib
import matplotlib.pyplot as plt
matplotlib.rcParams['font.family']='SimHei'  #指定默认字体
matplotlib.rcParams['font.sans-serif']='SimHei'
plt.rcParams['axes.unicode_minus']=False      #用来正常显示负值
x=np.linspace(0,2*np.pi,100)
y1=np.sin(x)
y2=np.cos(x)
plt.xlabel("x-变量")
plt.ylabel("y-变量")
plt.title("函数图像")
plt.plot(x,y1,x,y2)
plt.show()
```

（2）

```
import numpy as np
import matplotlib
import matplotlib.pyplot as plt
matplotlib.rcParams['font.family']='SimHei'   #指定默认字体
matplotlib.rcParams['font.sans-serif']='SimHei'
plt.rcParams['axes.unicode_minus']=False      #用来正常显示负值
plt.xlabel("x=0~2π")
plt.ylabel("y=-1~+1")
plt.title("y=cos(2x)")
m=np.arange(0,2*np.pi,0.1)
n=np.cos(2*m)
plt.scatter(m,n)
plt.show()
```

（3）

```
'''
a. plt.scatter(xlist, ylist, edgecolor='y', c=(1,0,0), s=150),
其中参数 edgecolor 表示边缘的颜色，设置为黄色；参数 c 表示内部的颜色；s 表示点的大小；
参数 c 可以设置为 c=(value1, value2, value3)，3 个 value 的取值范围在 0～1 之间，分别表示红绿蓝 3 原色。
b. plt.axis([0, 6, 0, 30])的作用是设置横纵坐标轴的范围，前两个表示横坐标轴，后两个表示纵坐标轴。
'''
import matplotlib.pyplot as plt
xlist = [1,2,3,4,5]
```

```
ylist = [x**2 for x in xlist]
plt.scatter(xlist,ylist,edgecolor='y',c=(1,0,0),s=150)
plt.title("square of'x'",fontsize=22)
plt.xlabel("x",fontsize=22)
plt.ylabel("x^2",fontsize=22)
plt.axis([0,6,0,30])
plt.tick_params(axis='both',labelsize=10)
plt.show()
```

第 14 章 爬取与分析网页中的数据

14.1 本章内容概述

全国计算机等级考试二级 Python 大纲要求读者了解与网络爬虫相关的 Python 常见的第三方库的功能，掌握爬取网页的 requests 库和解析网页的 bs4 库相关的知识。本章重点介绍 requests 库和 bs4 库的应用。

1. 爬取网页的 urllib 库

urllib 库主要用于获取网页信息。

urllib 库提供了一系列函数或方法，用户可以方便地读取网页的内容或下载网页。其中，最常用的是 urllib.request.urlopen()函数，格式如下：

```
urllib.request.urlopen(url,[ data[, proxies]])
```

urlopen()函数返回一个 Response 对象，用户通过 Response 对象可以获取远程数据。其中，参数 url 表示远程数据的路径，一般是 URL 地址；参数 data 表示提交到 url 的数据（提交数据有 post 与 get 两种方式）；参数 proxies 用于设置代理。使用 urlopen()函数读取网页的代码如下。

```
import urllib.request
res=urllib.request.urlopen("http://www.baidu.com")
html=res.read()
#print(html)
print(html.decode("utf-8"))
res.close()
```

2. 爬取网页的 requests 库

（1）requests.get()函数

requests 库是处理 HTTP 请求的第三方库。requests 库的基本功能是爬取网页和提交信息，与爬取网页功能相关的最重要的方法是 requests.get()函数，其语法格式如下：

```
res=requests.get(url[,timeout=n])
```

requests.get()函数是获取网页信息最常用的方式，它返回一个 Response 对象。requests.get()代表请求过程，它返回的 Response 对象代表响应。

（2）Response 对象

requests.get()函数返回的 Response 对象的主要属性如下。

- statuscode：返回 HTTP 请求的状态，200 表示连接成功，404 表示失败。
- text：HTTP 响应内容的字符串形式，即 url 对应的页面内容。
- encoding：HTTP 响应内容的编码方式。
- content：HTTP 响应内容的二进制形式。

Response 对象还提供了以下两个方法。

- json()方法：如果 HTTP 响应内容包含 JSON 格式的数据，则该方法解析 JSON 数据。
- raise_for_status()方法：如果 status code 的值不是 200，则产生异常。

（3）爬取网页的框架代码

```
import requests
def getHTMLText(url):
    r=requests.get(url,timeout=15)
    r.raise_for_status()
    r.encoding='utf-8'    #如果中文字符不能正常显示，修改编码方式为 utf-8
    return r.text
```

3. 解析网页的 BeautifulSoup4 库

（1）BeautifulSoup4 库

BeautifulSoup4 库也称为 bs4 库，是 Python 用于网页解析的第三方库，用来快速转换被爬取的网页。BeautifulSoup4 将网页转换为一颗 DOM 树，尽可能和原文档内容的含义一致，能够满足搜集数据的需求。

（2）创建 BeautifulSoup 对象

下面 3 个方法可以创建 BeautifulSoup 对象。

- 使用包含网页内容的字符串 html 创建 BeautifulSoup 对象。

```
soup=BeautifulSoup(html, "html.parser")
```

- 使用本地 HTML 文件 index.html 来创建对象。

```
soup=BeautifulSoup(open("index.html"),"html.parser")
```

- 使用网址 URL 获取 HTML 文件，从而创建对象。

```
from urllib import request
from bs4 import BeautifulSoup
response=request.urlopen("http://www.baidu.com ")
html=response.read()
html=html.decode("utf-8")
soup=BeautifulSoup(html,"html.parser")
```

（3）BeautifulSoup4 库中的对象

BeautifulSoup 对象是由 HTML 文档转换生成的一个复杂的树形结构，每个结点都是 Python 对象，包括 Tag、NavigableString、BeautifulSoup、Comment 等 4 种对象，具体如下。

- Tag 对象：HTML 网页的一个标签。
- NavigableString 对象：标签的 string 属性返回 NavigableString 对象。
- BeautifulSoup 对象：表示文档的全部内容。
- Comment 对象：一个特殊类型的 NavigableString 对象，它的内容不包括注释符号。

（4）搜索文档树的方法

soup 是一个 BeautifulSoup 对象，搜索文档的主要方法如下。

- soup.find_all()方法：搜索当前 Tag 的所有子结点，并判断是否符合过滤器的条件。
- soup.find()方法：与 find_all()方法类似，但只返回找到的第一个结果。
- soup.select()方法：用 CSS 选择器筛选元素。

14.2 典型例题分析

1. 编写程序，实现网页信息爬取。

文件 myweb.html 是一个网页的源代码，具体如下。

```
<!-- myweb.html -->
<!DOCTYPE html>
<head>
<title>Web 前端技术</title>
<meta charset="gb2312" >
</head>

<body>
<table id="out">
     <tr>
       <td colspan="6" style="height:110px; text-align:center; padding:0;" >
<img src = "images/title3.jpg "  style="width:760px;" /></td>
     </tr>
     <tr>
       <td  class="menu_style">HTML</td>
       <td  class="menu_style"> CSS</td>
       <td  class="menu_style">JavaScript</td>
       <td  class="menu_style">Ajax</td>
       <td  class="menu_style">XML</td>
       <td  class="menu_style"> </td>
     </tr>
     <tr>
       <td colspan="6">
         <table id="main">
         <tr>
           <td class="wodeweizhi"><p class="zw">我的位置&gt;&gt;CSS</p>
             <hr />
             <p class="zw">CSS(Cascading Style Sheets, 层叠样式表)是标准的布局语言, 用来控
制元素的尺寸、颜色和排版, 用来定义如何显示 HTML 元素……
请参阅<a href = "http://www.ooo.com"  >CSS 详解</a>。</p>
             <p class="zw"> 常见的 CSS 开发工具有记事本、EditPlus 文本编辑器; 可视化网页开发工具
有 Dreamweaver CS5、Frontpage 等.</p>
             <p class="zw">关于 CSS 的一些问题,欢迎和我们交流<a href="#">Email me</a>.  </p>
         </td>
           <td>

     <form id="form1" name="form1" method="post" action="">
             <table id="search">
               <tr>
                 <td style="width:50%;">
<img src= "images/username.jpg" style="width:61px; height:17px;"  /></td>
```

```
                    <td><label for="textfield"></label>
                      <input type="text" name="textfield" id="textfield" /></td>
                  </tr>
                  <tr>
                    <td><img src="images/password.jpg"
style="width:61px; height:17px;"  /></td>
                    <td><label for="label"></label>
                      <input type="text" name="textfield2" id="label" /></td>
                  </tr>
                  <tr>
                    <td><span class="dj">点击这里</span><a href="#">注册</a></td>
                    <td><img src= "images/myfolder/login_1_7.jpg"
style="width:44px; height:17px;"  /></td>
                  </tr>
                </table>
              </form>
            <div class="dianxingkuangjia">
                <p>典型框架</p>
            <p><a href= "http://www.***.com" >JQuery</a></p>
            <p><a href="#" class="dianxingkuangjia">Dojo</a></p>
            <p ><a  href="http://www.***.org" >Prototype</a></p>
            </div>
            </td>
        </tr>
      </table>
    </td>
    </tr>
    <tr>
      <td colspan="6" class="foot_style"><p>版权所有</p></td>
    </tr>
  </table>
</body>
</html>
```

网页中的某个图片信息的格式如下：

```
<td><img src= "images/password.jpg" width="61" height="17" /></td>
```

编写程序，解析这个文件，提取图片的地址链接，每个链接为列表 urls 的一行，输出并保存到“imgurl.txt”文件中，文件内容如下。

```
images/password.jpg
images/myfolder/login_1_7.jpg
```

解析

下面先给出程序代码，再分析程序的功能。

```
#code1401.py
fi = open("myweb.html", "r", encoding='utf-8')
fo = open("imgurl.txt", "w", encoding='utf-8')
txt = fi.read()
ls = txt.split("<img")
#print(ls[2])
urls = []
for item in ls:
    #print(item)
    item=item.strip()
```

```
11        item=item.replace(" ","")
12
13        if item[:4]=="src=":
14            x=item.find("\"",6)
15            if x!=-1:
16                print(item[5:x])
17                urls.append(item[5:x])
18
19    for item in urls:
20        fo.write(item+"\n")
21
22    fi.close()
23    fo.close()
```

（1）程序的第 2 行和第 3 行打开网页源文件 myweb.html 和准备写入结果的文件 imgurl.txt，第 4 行将网页文件的所有内容读入字符串变量 txt 中。

（2）第 5 行～第 17 行是程序的主体，功能是将图片文件地址写入列表 urls 中。下面分析图片的地址描述：<img src="images/pwd.jpg" width="61" height="17" />。

所有图片的地址均有以下特征：以“<img”开头，“<img”标识后的字符是“ src=”，其中可能包括若干空格，并且图片地址到第 2 次出现的双引号（“"”）处结束。

（3）分析完上述特征后，首先用“<img”作为分隔符，分隔程序代码到一个列表中；然后对每一列表项按（2）中的分析，解析出地址值，并添加到列表 urls 中。

其中的第 10 行和第 11 行用于删除影响字符串解析的空格。

第 13 行用于判断在“<img”后是否有“src=”字符串，从而确定是否有图片文件。

第 14 行是找到图片地址的结束位置。

第 16 行是获得图片的地址。

（4）第 19 行和第 20 行将列表 urls 中的内容写入文件。

最后关闭文件。

2. 爬取中国工程院信息与电子工程学部院士的名单和对应的链接地址，然后输出。继续爬取每个院士的个人简介，保存为以院士姓名为文件名的文本文件。

解析

使用 Google Chrome 打开中国工程院信息与电子工程学部院士网页。按 F12 键打开“开发者工具”窗口，如图 14-1 所示。单击“开发者工具”窗口工具栏左上角的“选择检查元素”按钮，再单击某个要爬取信息的姓名，可以看到该信息在网页中反向显示。

从图 14-1 所示的“开发者工具”窗口中可以看出，要爬取的内容在一个用 class="ysxx_namelist" 描述的 div 元素内，并在一个 ul 列表中，列表项<li class="name_list">内包含了链接的相对地址和姓名信息，超链接标签<a>中的 href 属性即是要爬取的地址，超链接的文本即是姓名。

```
<div class="ysxx_namelist clearfix">
    <ul>
        <li class="name_list"><a href="/cae/html/main/colys/56107454.html"
 target="_blank">柴天佑</a></li>
        <li class="name_list"><a href="/cae/html/main/colys/12726075.html"
 target="_blank">陈纯</a></li>
        ......
    </ul>
</div>
```

图 14-1 “开发者工具”窗口

基于上面的分析，给出如下爬取代码。

```
#code1402.py
import requests
from bs4 import BeautifulSoup

def getHTMLText(url):
    r=requests.get(url,timeout=15)
    r.raise_for_status()
    r.encoding='utf-8'    #修改编码方式为 utf-8
    #print(text)
    return r.text

def getSoup(url):
    txt=getHTMLText(url)
    soup=BeautifulSoup(txt,"html.parser")
    return soup

#获取爬取记录的姓名和链接地址
def getContent(soup):
    baseurl="http://www.cae.cn"
    contents=soup.find_all("li",{'class':'name_list'})
    articles=[]
    n=0
    for content in contents:
        item=content.find("a")
        link=item.attrs.get("href")
        url=baseurl+link
        name=item.string
        #print(name)
        articles.append((name,url))
        n=n+1
        if n>6:break      # 设定检索 6 条相关信息
    return articles
```

```
33
34  #爬取文本信息，并保存到文件中
35  def getTxtFile(url,filename):
36      soup = getSoup(url)
37      #intro_txt=soup1.find_all("div",{'class':'intro'})
38      intro_txt=soup.select(".intro")
39      info=intro_txt[0].get_text().strip()
40      #temp=intro_txt[0].text.strip()
41      print(info)
42      with open(filename,"w",encoding="utf-8") as file:
43          file.write(info)
44  #主控程序
45  if __name__=="__main__":
46      url = r"http://www.cae.cn/cae/html/main/col53/column_53_xb2.html"
47      soup =getSoup(url)
48      articlelist = getContent(soup)
49      #显示爬取的地址信息
50      for item in articlelist:
51          print(item)
52          print('------------------------------------------------------------')
53
54      #读取文本信息到文本文件中
55      for item in articlelist:
56          url=item[1]
57          filename=item[0]+".txt"
58          getTxtFile(url,filename)
```

（1）第 5 行～第 10 行的函数 getHTMLText()用于爬取网页文本。

（2）第 12 行～第 15 行的函数 getSoup()获得一个 BeautifulSoup 对象，以后利用这个对象完成网页内容的解析。

（3）第 18 行～第 32 行的 getContent()函数用于获取爬取记录的姓名和链接地址，爬取元素的代码基于前面的页面分析。为了提高运行效率，这里只要求检索前 6 条信息。

（4）第 35 行～第 43 行的 getTxtFile()函数用于爬取文本信息，并保存到文本文件中。其中，对本网页而言，第 37 行和第 38 行都可以爬取到信息，代码可以互换；第 39 行和第 40 行都可以得到文本内容，也可以互换。

（5）第 45 行～第 58 行调用相关的函数，分别显示爬取的地址信息和读取文本信息到文本文件中。各段代码在程序的注释中已经标明，其中注释的部分输出语句，是为了方便调试程序而设置的。

14.3　问题与思考

1. 列举出 BeautifulSoup4 库解析文档树的主要方法和属性。
2. requests 库的 get()函数返回 Response 对象，这个对象有哪些属性？

解答

1. BeautifulSoup4 库解析文档树时主要用到下面的属性。

contents 属性和 children 属性可以获取标记 Tag 的直接子结点。

descendants 属性可以获取所有子结点。

string 属性返回标记中的内容。

strings 属性用于获取多个内容，需要遍历获取。

parent 属性用于获取父结点。

next_sibling 属性用于获取当前结点的下一个兄弟结点。

previous_sibling 属性用于获取当前结点的上一个兄弟结点。

下面是 BeautifulSoup4 库中的方法，其中，soup 是一个 BeautifulSoup4 对象。

soup.find_all()方法搜索当前 Tag 的所有子结点，并可以设置过滤器的条件。

soup.find()方法返回找到的第一个结点。

soup.select()方法使用选择器选择结点。

2. requests.get()函数返回的 Response 对象的主要属性如下。

Response 对象的 statuscode 属性返回请求 HTTP 后的状态，200 表示连接成功，404 表示失败；text 属性是请求的页面内容，以字符串的形式展示；encoding 属性返回页面内容的编码方式，可以通过对 encoding 属性赋值更改编码方式，以便于处理中文字符；content 属性是页面内容的二进制形式。

14.4　习题与解答

1. 选择题

（1）下面是解析网页的一段代码，其中，soup 是一个 BeautifulSoup 对象，最后一行代码中，变量 str 内容的功能是（　　）。

```
contents=soup.select('.hot')
    for items in contents:
        item=items.select('li')
        for i in item:
            str=i.a['href']
```

A. 超链接的网址　　B. 列表中的一个数据项

C. 超链接的属性信息　　D. 超链接的格式信息

（2）下列选项中，不属于 HTML 标签的是（　　）。

A. <p>　　B. <a>　　C. <div>　　D. <class>

（3）requests.get()函数的返回值类型是（　　）。

A. String　　B. text　　C. Response　　D. Request

（4）以下选项中，不是 Python 的 Web 应用框架的是（　　）。

A. Flask　　B. Django　　C. Tornado　　D. urllib

（5）bs4 库的对象可以归纳为 4 种类型，不正确的是（　　）。

A. Comment　　B. Tag　　C. String　　D. NavigableString

（6）soup 是一个 BeautifulSoup 对象，以下在 bs4 库中搜索文档的方法中，不正确的是（　　）。

A. soup.find_all()　　B. soup.find()　　C. soup.select()　　D. soup.search()

2. 编程题

（1）“典型例题分析”一节中的网页文件 myweb.html，其中的超链接信息格式如下，需要注意，超链接地址前后都有空格。

```
<p ><a href="http://www.***.org" class="dianxingkuangjia">……
```

编写程序，解析文件 myweb.html 中的链接地址，每个链接为列表的一行，并保存到“linkurls.txt”文件中。文件内容如下。

```
href="http://www.ooo.com"
href="http://lnen.dl.cn"
……
```

（2）参考“典型例题分析”中的 code1402.py 文件，爬取每条记录的照片文件为本地图片，以爬取到的姓名作为图片文件的文件名。爬取网页的起始地址是：

http://www.cae.cn/cae/html/main/col53/column_53_xb2.html

参考答案

1. 选择题

C　D　C　D　C　D

2. 编程题

（1）

```
fi = open("myweb.html", "r", encoding='utf-8')
fo = open("linkurls.txt", "w", encoding='utf-8')
txt = fi.read()
ls = txt.split("<a")
urls = []
for item in ls:
    item=item.strip()
    item=item.replace(" ","")
    if item[:5]=="href=" and item[6:13]=="http://":
        x=item.find("\"",6)
        if x!=-1:
            print(item[6:x])
            urls.append(item[6:x])

for item in urls:
    fo.write(item+"\n")
fi.close()
fo.close()
```

（2）

```
import requests
from bs4 import BeautifulSoup

def getHTMLText(url):
    r=requests.get(url,timeout=15)
    r.raise_for_status()
    r.encoding='utf-8'    #修改编码方式为 utf-8
    #print(text)
    return r.text
```

```
def getSoup(url):
    txt=getHTMLText(url)
    soup=BeautifulSoup(txt,"html.parser")
    return soup

def getContent(soup):
    purl="http://www.cae.cn"
    contents=soup.find_all("li",{'class':'name_list'})
    articles=[]
    n=0
    for content in contents:
        item=content.find("a")
        link=item.attrs.get("href")
        burl=purl+link
        name=item.string
        articles.append((name,burl))
        n=n+1
        if n>6:break
    return articles

from urllib.request import urlopen
def getImgFile(url,filename):

    soup1=getSoup(url)
    intro=soup1.find_all("div",{'class':'info_img'})
    #print(intro)
    for item in intro:
        temp=item.select('img')
        imgurl=str(temp).split("style=")[0]
        imgurl="http://www.cae.cn"+imgurl[11:-2]       #获取图片地址
        #print(imgurl)

    with open(filename,"wb") as file:                  #写文件
        file.write(urlopen(imgurl).read())

if __name__=="__main__":
    url = r"http://www.cae.cn/cae/html/main/col53/column_53_xb2.html"
    soup =getSoup(url)
    articlelist = getContent(soup)
    #显示爬取的信息
    for item in articlelist:
        print(item)
        print('------------------------------------------------------------')

    #读取图片信息到文件中
    for item in articlelist:
        url=item[1]
        filename=item[0]+".jpg"
        getImgFile(url,filename)
```

第 15 章 模拟测试试卷

根据全国计算机等级考试二级 Python 考试大纲的要求，结合本书内容，本章给出 3 套模拟试卷及解答。

模拟试卷的结构与二级 Python 考试试卷完全相同。试卷卷面 100 分。其中，单项选择题 40 分（含 10 分公共基础内容）；程序题 60 分，包括 3 道基本应用试题，2 道简单应用试题，1 道综合应用试题。

模拟测试时间为 120 分钟，测试形式为闭卷。实际的二级 Python 考试为上机考试，程序题在 IDLE 下调试运行。

15.1 模拟试卷 1

一、单项选择

1. 下面关于数据流图（DFD）的描述中，**错误**的选项是（　　）。
   A. 数据流图是描述数据处理过程的工具
   B. 数据流图直接支持系统的数据建模
   C. 数据流图是需求分析工具
   D. 数据流图直接支持系统的需求建模
2. 下面关于软件系统结构图的描述中，正确的选项是（　　）。
   A. 原子模块是位于中间结点的模块　　B. 删除时调用一个指定的模块
   C. 结构图用于描述软件系统的功能　　D. 深度越深、宽度越宽，说明系统越复杂
3. 下面选项中，可以作为软件测试对象的是（　　）。
   A. 需求规格说明书　　B. 源程序
   C. 软件设计说明书　　D. 数据库设计
4. 下列**不属于**软件详细设计工具的是（　　）。
   A. 系统结构图　　B. 程序流程图　　C. N-S 图　　D. PAD 图
5. 下面关于类的描述中，**错误**的选项是（　　）。
   A. 类中包含数据　　B. 类是对象的实例
   C. 类中包含方法　　D. 类具有抽象性
6. 与确认测试阶段有关的文档是（　　）。
   A. 详细设计说明书　　B. 概要设计说明书

C. 需求规格说明书　　D. 数据库设计说明书

7. 下面关于集成测试的描述中，正确的选项是（　　）。

A. 为了发现详细设计的错误　　B. 为了发现概要设计的错误

C. 为了发现需求分析的错误　　D. 为了发现编码的错误

8. 下面选项中，**不符合**软件设计准则的是（　　）。

A. 减少模块接口的复杂性　　B. 设计单入口、单出口的模块

C. 提高模块的独立性　　D. 模块规模要尽可能小

9. 数据库系统内部采用三级模式和模式间的二级映射，是为了提高数据库的逻辑独立性和（　　）。

A. 数据独立性　　B. 物理独立性　　C. 安全性　　D. 并发性

10. 某数据约束规则为：设属性 A 是关系 R 的主属性，要求属性 A 不能取空值。则该数据约束规则的名称是（　　）。

A. 实体完整性规则　　B. 域完整性规则

C. 参照完整性规则　　D. 用户定义完整性规则

11. 以下选项中，**不属于** Python 关键字的是（　　）。

A. throw　　B. pass　　C. while　　D. def

12. 表达式 2*3**2//8%7 的计算结果是（　　）。

A. 3　　B. 2　　C. 4　　D. 5

13. 以下关于 Python 字符串的描述中，**错误**的是（　　）。

A. 空字符串可以用""（两个双引号）或''（两个单引号）来表示

B. Python 的字符串可以混合使用正整数和负整数进行索引和切片

C. 字符串"dir1\\file.pdf"中，第一个\是转义字符

D. 字符串采用[N:M]格式进行切片，获取从索引 N 到 M 的子串（包含 N 和 M）

14. Python 提供 3 种基本的数字类型，它们是（　　）。

A. 整数类型、浮点数类型、复数类型

B. 整数类型、二进制类型、浮点数类型

C. 复数类型、二进制类型、浮点数类型

D. 整数类型、二进制类型、复数类型

15. 以下关于计算机语言编译和解释的描述中，**错误**的选项是（　　）。

A. 解释是将源代码逐条转换成目标代码并逐条运行目标代码的过程

B. C 语言是静态编译语言，Python 语言是脚本语言

C. 编译是将源代码转换成目标代码的过程

D. 静态语言采用解释方式执行，脚本语言采用编译方式执行

16. 以下关于 Python 分支的描述中，**错误**的选项是（　　）。

A. 使用关键字 if、elif 和 else 来实现分支，每个 if 后面必须有 elif 或 else

B. if…else 结构是可以嵌套的

C. if 后面的逻辑表达式的值为 True 时，执行 if 后的语句块

D. 缩进是 Python 的语法部分，缩进不正确会影响分支功能

17. 列表变量 lst =[1,−34,"33.1",True,4+2j,0O17]，lst 索引的取值范围是（　　）。

A. −7（含）～−1 的整数　　B. 0～6（含）的整数

C. 1～6（含）的整数　　　　D. 0～5（含）的整数

18. 程序运行时，从键盘输入数字 5，以下代码的输出结果是（　　）。

```
n = eval(input("请输入一个整数: "))
s = 100
if n>=5:
    n -= 10
    s = 4
if n<5:
    n -= 10
    s = 3
print(s)
```

A. 3　　B. 4　　C. 0　　D. 2

19. 以下关于 Python 循环结构的描述中，**错误**的选项是（　　）。

A. while 循环使用 break 关键字跳出所在层循环体

B. while 循环可以使用关键字 break 和 continue

C. for 循环也称遍历循环，用来遍历序列类型数据

D. for 循环使用 continue 关键字结束循环

20. 程序运行时，交互输入数字 5，以下代码的运行结果是（　　）。

```
try:
   n = input("请输入一个整数: ")
   def pow2(n):
       return n*n
   pow2(n)
except:
   print("程序执行错误")
```

A. 程序没有任何输出　　　　B. 4

C. 程序执行错误　　　　D. 2

21. 以下代码的输出结果是（　　）。

```
t=True
def  above_zero(t):
    return t!=0
above_zero(t)
```

A. 1　　B. False　　C. 没有输出　　D. True

22. 以下是关于 Python 函数的描述，**错误**的是（　　）。

A. 函数中 return 语句只能放在函数定义的最后

B. 使用关键字 def 定义函数

C. 函数最主要的作用之一是复用代码

D. Python 函数的参数支持可变参数

23. 以下代码的输出结果是（　　）。

```
def judge(age):
    if  12 <= age <= 17:
        print( "中学生")
    elif age <12:
        print( "小学生")
```

```
    elif age <= 28:
        print( "大学生")
    else:
        print( "是学生吗")
judge(18)
```

A. 中学生　　B. 小学生　　C. 大学生　　D. 是学生吗

24. 以下代码的输出结果是（　　）。

```
def fibRate(n):
    if  n <= 0:
        return -1
    elif n == 1:
        return -1
    elif n == 2:
        return 1
    else:
        L = [1, 1]
        for i in range(2,n):
            L.append(L[-1]+L[-2])
        return L[-2]/L[-1]
print(fibRate(5))
```

A. –1　　B. 0.625　　C. 0.6　　D. 0.5

25. 以下关于函数返回值的描述中，正确的是（　　）。

A. Python 函数可以没有返回值，也可以有一个或多个返回值

B. 函数定义中只能有一个 return 语句

C. 在函数定义中使用 return 语句时，至少需要一个返回值

D. 函数只能通过 print 语句和 return 语句给出运行结果

26. 以下代码的输出结果是（　　）。

```
def catch(name,weight=10):
    if  weight > 20:
        print("Hello! "+name+":)")
    elif  weight > 15:
        print("Hello! "+name+":(")
    elif  weight > 10:
        print("Hello! "+name+":|")
    else:
        print("Hello! "+name)
catch(weight=60, name="bird")
```

A. 函数调用出错　　B. Hello！ bird:)

C. Hello！ bird:(　　D. Hello！ bird:|

27. 以下描述中，**错误**的选项是（　　）。

A. Python 通过索引来访问列表中的元素，索引可以是负整数

B. 列表用方括号来定义，可以使用序列类型的所有属性和方法

C. Python 列表是各种类型数据的集合，列表中的元素不能够被修改

D. Python 列表中的元素可以是其他的组合数据类型

28. s 是一个序列，s =[-1,"china",True]，以下描述中**错误**的是（　　）。

A. s[3]返回 True

B. 如果 x 不是 s 的元素，x not in s 返回 True

C. 如果 x 是 s 的元素，x in s 返回 True

D. s[-1]返回 True

29. 以下代码的输出结果是（　　）。

```
S = 'Pame'
for i in range(len(S)):
    print(S[-i],end="")
```

A. ameP　　B. emaP　　C. Pema　　D. Pame

30. 以下代码的输出结果是（　　）。

```
for s in "HelloWorld":
    if s=="W":
        continue
    print(s,end="")
```

A. Helloorld　　B. Hello　　C. World　　D. HelloWorld

31. dict 是一个字典变量，能够输出数字 5 的选项是（　　）。

```
dict = {'food':{'cake':1,'egg':5},'cake':2,'egg':3}
```

A. print(dict['egg'])　　B. print(dict['food']['egg'])

C. print(dict['food'][-1])　　D. print(dict['cake'][1])

32. 以下代码的输出结果是（　　）。

```
lst =[4,2,9,1]
lst.insert(2,3)
print(lst)
```

A. [4,2,9,2,1]　　B. [4,3,2,9,1]　　C. [4,2,3,9,1]　　D. [4,2,9,1,2,3]

33. 文件 text.txt 的内容是一段文本：hieveryone，该文件与程序代码在同一目录下，代码的输出结果是（　　）。

```
f = open("text.txt")
print(f)
f.close()
```

A. hieveryone　　B. text.txt

C. <_io.TextIOWrapper…>　　D. text

34. 以下关于文件的描述中，错误的选项是（　　）。

A. 文件的 seek()方法可以定位文件内容的读写位置

B. writelines()方法的参数可以是字符串或字符串列表

C. 使用 open()方法打开文件时，必须要用 r 或 w 指定打开方式，不能省略

D. 如果没有使用 close()方法关闭文件，Python 程序退出时文件将会被自动关闭

35. 以下不属于 Python 文件操作方法的是（　　）。

A. split()　　B. write()　　C. writelines()　　D. readline()

36. 以下关于数据组织方式的描述中，错误的选项是（　　）。

A. 高维数据由键值对类型的数据构成，可以用字典类型表示

B. 一维数据采用线性方式组织，可以用列表或元组表示

C. 二维数据采用表格方式组织，可以用列表类型表示

D. 字典类型可用于表示一维和二维数据

37. 以下关于文件操作方法的描述中，**错误**的选项是（　　）。

A. read()方法可以从文件中读入全部文本

B. open()方法用来打开文件，close()方法用来关闭文件

C. readlines()方法可以读入文件中的全部文本，返回一个元组

D. readline()方法可以从文件中读入一行文本

38. 以下**不属于** Python 数据分析领域第三方库的是（　　）。

A. scrapy　　B. numpy　　C. pandas　　D. matplotlib

39. 在 Python 中，用来安装第三方库的工具是（　　）。

A. PyQt5　　B. jieba　　C. pip3　　D. pyinstaller

40. 以下属于 Python 机器学习领域第三方库的是（　　）。

A. scikit-learn　　B. numpy　　C. pygame　　D. pandas

二、基本操作

41. 程序 py101.py 的功能是：接收从键盘输入的 4 个数字，数字之间使用空格分隔，对应的变量名是 x0、y0、x1、y1。计算两点(x0,y0)和(x1,y1)之间的距离并输出这个距离，保留 2 位小数。

例如，从键盘输入“0 1 3 5”，屏幕输出“5.00”。

在横线上书写代码，完善 py101.py，代码框架如下。

```
# 请在______处使用一行代码或表达式替换
# 注意：请不要修改其他已给出的代码
ntxt = input("请输入 4 个数字(空格分隔):")
______
x0 = eval(nls[0])
y0 = eval(nls[1])
x1 = eval(nls[2])
y1 = eval(nls[3])
r = pow(pow(x1-x0, 2) + pow(y1-y0, 2), ______)
print("{:.2f}".format(r))
```

42. 程序 py102.py 的功能是：从键盘输入一句中文文本，不含标点符号和空格，命名为变量 txt，使用 jieba 库对其进行分词，输出该文本中词语的平均长度，保留 1 位小数。

例如，从键盘输入“一半勾留在此湖”，屏幕输出“1.8”。

在横线上书写代码，完善 py102.py，代码框架如下。

```
# 请在______处使用一行代码或表达式替换
# 注意：请不要修改其他已给出的代码
import ______
txt = input("请输入一段中文文本:")
______
print("{:.1f}".format(len(txt)/len(ls)))
```

43. 程序 py103.py 的功能是：输入一个整数 0x1a，依次输出 Python 中十六进制、十进制、八进制和二进制的表示形式，输出结果使用英文逗号分隔。

程序运行效果如下：

```
请输入十六进制整数：0x1a
0x1a,26,0o32,0b11010
```

在横线上书写代码，完善 py103.py，代码框架如下。

```
# 请在______处使用一行代码或表达式替换
# 注意：请不要修改其他已给出的代码
x=eval(input("请输入十六进制整数："))
print(______)
```

三、简单应用

44. 程序 py201.py 的功能是：使用 turtle 库的 turtle.fd()函数和 turtle.seth()函数绘制一个每个方向为 100 像素的十字形，效果如图 15-1 所示。

编写程序实现上述功能。

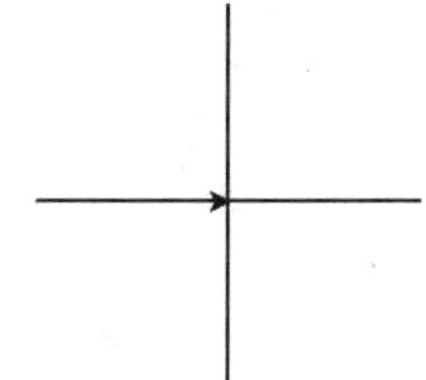

图 15-1　程序运行效果

45. 程序 py202.py 实现词频统计功能。

从键盘输入一行当前计算机应用领域的热词，以空格分隔，格式如下。

```
人工智能 大数据 模式识别 模式识别 大数据 神经网络 大数据
```

编写程序，统计各热词的数量，按数量由多到少的顺序输出热词及对应数量，输出参考格式如下。

```
大数据:3
模式识别:2
人工智能:1
神经网络:1
```

四、综合应用

46. 文本文件 spring.txt 的部分内容如下。

> 昆仑山，连绵不断的万丈高峰，载着峨峨的冰雪，插入青天。热海般的春气围绕着它，温暖着它，它微笑地欠身了，身上的雪衣抖开了，融化了;亿万粒的冰珠松解成万丈的洪流，大声地欢笑着，跳下高耸的危崖，奔涌而下。它流入黄河，流入长江，流入银网般的大大小小的江河。在那里，早有亿万个等得不耐烦的、包着头或是穿着工作服的男女老幼，揎拳捋袖满面春风地在迎接着，把它带到清浅的水库里、水渠里，带到干渴的无边的大地里……

请编写程序 py301.py，统计文本文件中出现的所有中文词语及出现的次数，排除单字词，输出出现频次高的前 4 个单词：流入，万丈，般的，带到。

五、参考解答

（一）单项选择

B　D　B　A　B　　C　B　D　B　A

A　B　D　A　D　　A　D　A　D　C

C　A　C　C　A　　B　C　A　B　A

B　C　C　C　A　　D　C　A　C　A

（二）基本操作

41. 本题测试 split()方法和 pow()方法。

解析

str.split(sep)方法用于字符串拆分，根据参数 sep 来分隔字符串 str。参数 sep 是可选的，默认使用空格分隔；sep 可以是单个字符，也可以是一个字符串，分隔后的内容返回一个列表。

pow(x,y)是 Python 的内置函数，功能是返回 x 的 y 次幂。

参考答案如下。

```
ntxt = input("请输入 4 个数字(空格分隔):")
nls=ntxt.split()
x0 = eval(nls[0])
y0 = eval(nls[1])
x1 = eval(nls[2])
y1 = eval(nls[3])
r = pow(pow(x1-x0, 2) + pow(y1-y0, 2), 0.5)
print("{:.2f}".format(r))
```

42. 本题考查中文分词库 jieba 的使用。

解析

中文分词需要导入 jieba 库，使用 import jieba 语句导入。

jieba 库支持 3 种分词模式：精确模式，将句子最精确地分开，适合文本分析；全模式，把句子中所有可以成词的词语都扫描出来，速度非常快，但是不能解决歧义问题；搜索引擎模式，在精确模式的基础上，将长词再次切分开，提高召回率，适用于搜索引擎分词。

jieba.lcut(s)是最常用的中文分词函数，用于精确模式，即将字符串分隔成中文单词，返回结果是列表类型。

参考答案如下。

```
import jieba
txt = input("请输入一段中文文本:")
ls=jieba.lcut(txt)
print("{:.1f}".format(len(txt)/len(ls)))
```

43. 本题考查 format()方法在不同进制间的转换。

字符串的 format()方法支持不同进制间的转换，具体格式化操作符如下：

b，将十进制整数自动转换成二进制表示然后格式化；

c，将十进制整数自动转换为其对应的 Unicode 字符；

d，十进制整数；

x，将十进制整数自动转换成十六进制表示然后格式化。

例如下列程序。

```
>>> '{0:b}'.format(17)     #二进制
'10001'
>>> '{0:o}'.format(17)      #八进制
'21'
>>> '{0:x}'.format(17)      #十六进制
'11'
```

参考答案如下。

```
x=eval(input("请输入十六进制整数: "))
print("0x{0:x},{0},0o{0:o},0b{0:b}".format(x))
```

（三）简单应用

44. 本题考查的内容为 turtle 绘图的相关方法。

turtle.fd()和 turtle.seth()是 turtle 绘图的常用方法。

turtle.fd(distance)函数的作用是让 turtle 沿当前行进方向前进 distance 距离。参数 distance 是行进距离的像素值，当值为负数时，表示向相反方向前进。

turtle.seth(angle)函数用来改变画笔绘制的方向，作用是设置 turtle 沿当前行进方向改变 angle 角度，该角度是绝对方向的角度值。

参考代码如下。

```
import turtle
for i in range(4):
    turtle.fd(100)
    turtle.fd(-100)
    turtle.seth((i+1)*90)
```

如果不使用循环，可以有多种绘制方法，下面是其中的一种方法。

```
import turtle
turtle.fd(200)
turtle.penup()
turtle.goto(100,-100)
turtle.pendown()
turtle.seth(90)
turtle.fd(200)
```

45. 本题考查的是字典类型的使用。

解析

与本题类似的统计类题型适合采用字典类型来解答，即构成“热词:数量”的键值对。因此，将从键盘输入的内容作为数据源，构造字典实现统计过程。

参考代码如下：

```
txt = input("请输入数据序列：")
t=txt.split()
d = {}
for i in range(len(t)):
    d[t[i]]=d.get(t[i],0)+1
ls = list(d.items())
ls.sort(key=lambda x:x[1], reverse=True)  # 按照数量排序
for k in ls:
    print("{}:{}".format(k[0], k[1]))
```

（1）代码 d[t[i]]=d.get(t[i],0)+1

创建字典变量 d 之后，可以利用“d[key]=value”的方式，在字典里增加新的键值对。

代码 d[t[i]]=d.get(t[i],0)+1 是关键语句，其作用是累加数据项 t[i]出现的次数。使用 get()方法获得当前字典 d 中 t[i]作为键对应的值，即 t[i]已经出现的次数。如果 t[i]不存在，则赋值为 0；反之，则返回对应的值。

（2）代码 ls.sort(key=lambda x:x[1], reverse=True)

使用 lambda 表达式作为参数，实现按统计次数降序排序。

（四）综合应用

46. 本题是文件操作、分词、字典等知识点的综合运用。

解析

（1）首先打开文本文件，将其读入变量 txt 中。

（2）使用语句 jieba.lcut(txt)将文本解析到列表 ls 中。

（3）通过 for 循环遍历列表，完成中文词语出现的次数统计。在 for 循环中，使用分支语句和 len()函数排除长度为 1 的词。

（4）对字典 d 中的单词进行排序，输出出现频次高的前 4 个词语。

参考答案如下。

```
import jieba
fi = open("spring.txt", "r")
txt = fi.read()
fi.close()
ls = jieba.lcut(txt)
d = {}
for w in ls:
    if len(w)==1:
        continue
    else:
        d[w] = d.get(w, 0) + 1
#以下排序
rst = []
for i in range(4):
    mx = 0
    mxj = 0
    for j in d:
        if d[j] > mx:
            mx = d[j]
            mxj = j
    rst.append(mxj)
    del d[mxj]
print(", ".join(rst))
```

排序部分，更常见的代码如下。

```
rst2 = []
lst=list(d.items())
lst.sort(key=lambda x:x[1],reverse=True)
lst2=[]
for i in range(4):
    rst2.append(rst[i][0])
print(",".join(rst2))
```

15.2　模拟试卷 2

一、单项选择

1. 下面关于数据流图（DFD）的描述中，正确的选项是（　　）。

   A. 软件概要设计的工具　　B. 面向对象需求分析工具

   C. 结构化方法的需求分析工具　　D. 软件详细设计的工具

2. 在黑盒测试方法中，设计测试用例的主要根据是（　　）。

   A. 程序数据结构　　B. 程序内部逻辑

   C. 程序外部功能　　D. 程序流程图

3. 在数据库设计中，反映用户对数据要求的模式是（　　）。

A. 概念模式　　B. 设计模式　　C. 内模式　　D. 外模式

4. 在数据库设计中，用 E-R 图来描述信息结构但**不涉及**信息在计算机中的表示的阶段是（　　）。

A. 需求分析阶段　B. 物理设计阶段　C. 概念设计阶段　D. 逻辑设计阶段

5. 以下选项中描述正确的是（　　）。

A. 有一个以上根结点的数据结构不一定是非线性结构

B. 只有一个根结点的数据结构不一定是线性结构

C. 双向链表是非线性结构

D. 循环链表是非线性结构

6. 一棵二叉树共有 25 个结点，其中 5 个是叶子结点，则度为 1 的结点数是（　　）。

A. 4　　B. 10　　C. 6　　D. 16

7. 以下选项中描述正确的是（　　）。

A. 数据的逻辑结构与存储结构是一一对应的

B. 算法的效率只与问题的规模有关，而与数据的存储结构无关

C. 算法的时间复杂度是指执行算法所需要的计算工作量

D. 算法的时间复杂度与空间复杂度一定相关

8. 在深度为 7 的满二叉树中，结点个数总共是（　　）。

A. 127　　B. 64　　C. 63　　D. 32

9. 对长度为 n 的线性表进行顺序查找，在最坏的情况下所需要的比较次数是（　　）。

A. $n\times(n+1)$　　B. n　　C. $n+1$　　D. $n-1$

10. 为了增加模块的独立性，以下选项中描述正确的是（　　）。

A. 模块的内聚程度要尽量低，且各模块间的耦合程度要尽量弱

B. 模块的内聚程度要尽量高，且各模块间的耦合程度要尽量强

C. 模块的内聚程度要尽量低，且各模块间的耦合程度要尽量强

D. 模块的内聚程度要尽量高，且各模块间的耦合程度要尽量弱

11. 关于 eval() 函数，以下选项中描述**错误**的是（　　）。

A. 执行 eval("Hello") 和执行 eval(" 'Hello' ")会得到相同的结果

B. eval()函数的定义为：eval(source, globals=None, locals=None, /)

C. eval()函数可以将输入的字符串转为 Python 语句，并执行该语句

D. 如果用户希望得到输入的一个数字，可以采用 eval(input(<输入提示>)) 语句

12. 关于 Python 的数字类型，以下选项中描述**错误**的是（　　）。

A. Python 提供整型、浮点型、复数型等类型

B. Python 要求所有浮点数必须带有小数部分

C. Python 整数类型提供了 4 种进制表示：十进制、二进制、八进制和十六进制

D. Python 的复数类型中，实部和虚部的数值都是浮点类型，虚部通过后缀“C”或者“c”来表示

13. 关于 Python 循环结构，以下选项中描述**错误**的是（　　）。

A. Python 通过 for、while 等关键字提供遍历循环和无限循环结构

B. 遍历循环中的遍历结构可以是字符串、文件、组合数据类型和 range()函数等

C. break 用来中断当前的 for 循环或者 while 循环

D. for 循环或者 while 循环不可以使用 else 子名

14. 关于 Python 的 lambda 函数，以下选项中描述**错误**的是（　　）。

A. lambda 函数将函数名作为函数结果返回

B. lambda 用于定义简单的、能够在一行内表示的函数

C. 可以使用 lambda 函数定义列表的排序原则

D. f = lambda x,y:x+y 执行后，f 的类型为数值类型

15. 下面代码实现的功能是（　　）。

```
def fact(n):
    if n==0:
        return 1
    else:
        return n*fact(n-1)
```

A. 计算 n 的阶乘　　B. 计算 n 的累加值

C. 参数 n 翻转　　D. 上述代码是一种递推实现

16. 关于下面代码的描述中正确的是（　　）。

```
import time
print(time.time())
```

A. 可使用 time.ctime()，显示为更可读的形式

B. 输出自 1970 年 1 月 1 日 00:00:00 AM 以来的秒数

C. time 库是 Python 的标准库

D. time.sleep(5)延迟调用线程，单位为毫秒

17. 关于 Python 的组合数据类型，以下选项中描述**错误**的是（　　）。

A. 组合数据类型可以分为 3 类：序列类型、集合类型和映射类型

B. Python 组合数据类型可以使用 type()函数测试

C. Python 的 str、tuple 和 list 类型都属于序列类型

D. 序列类型是二维元素向量，元素之间存在先后关系，通过序号访问

18. 以下选项中，**不是** Python 文件的读操作方法的是（　　）。

A. read()　　B. readtext()　　C. readlines()　　D. readline()

19. 以下选项中，Python 用于捕获特定类型异常的关键字是（　　）。

A. while　　B. except　　C. else　　D. raise

20. 以下选项中，符合 Python 变量命名规则的是（　　）。

A. 1Temp　　B. Aiface　　C. t?c　　D. i=1

21. 关于赋值语句，以下选项中描述**错误**的是（　　）。

A. 设 x = "John";y = "Mary"，执行 x,y = y,x 可以实现变量 x 和 y 值的互换

B. 在 Python 中，“=”表示赋值，可以将“=”右侧的计算结果赋值给左侧变量

C. 在 Python 中，语句 x+=1 与 x=x+1 的功能是一样的

D. 在 Python 中，语句 x,y,z=1 可以同时将 x、y、z 3 个变量赋值为 1

22. 关于 Python 的文件处理，以下选项中描述**错误**的是（　　）。

A. 能处理 Excel 文件　　B. 能处理 CSV 文件

C. 不能处理 PDF 文件　　D. 能处理 JPG 图像文件

23. 以下选项中，**不是** Python 打开文件模式的是（　　）。

A. 'c'　　B. 'wb'　　C. '+'　　D. 'r+'

24. 关于数据组织的维度，以下选项中描述**错误**的是（　　）。

A. 二维数据采用表格方式组织，对应数学中的矩阵

B. 一维数据采用线性方式组织，对应数学中的数组和集合等

C. 高维数据由键值对类型的数据构成，采用对象方式组织

D. 字典类型可用于表示一维和二维数据

25. Python 数据分析方向的第三方库是（　　）。

A. request　　B. beautifulsoup4　　C. datetime　　D. numpy

26. Python Web 开发方向的第三方库是（　　）。

A. pandas　　B. requests　　C. scipy　　D. Django

27. 下面代码的输出结果是（　　）。

```
x=0o17
print(x)
```

A. 10001　　B. 23　　C. 16　　D. 15

28. 给出如下代码：

```
mystr = "Hello World"
```

以下选项中可以输出“World”子串的是（　　）。

A. print(mystr [–5:])　　B. print(mystr [–4: –1])

C. print(mystr [–5: –1])　　D. print(mystr [–5:0])

29. 下面代码的输出结果是（　　）。

```
x = 12.34+0j
print(type(x))
```

A. <class 'int'>　　B. <class 'bool'>

C. <class 'complex'>　　D. <class 'float'>

30. 下面代码的输出结果是（　　）。

```
x=10
y=3
print(x%y,x**y)
```

A. 3 1000　　B. 3 30　　C. 1 1000　　D. 1 30

31. 下面的 Python 代码运行后，绘制的图形是（　　）。

```
import turtle as t
for i in range(1,5):
    t.fd(50)
    t.left(90)
```

A. 正方形　　B. 五角星　　C. 三角形　　D. 五边形

32. 下面代码的输出结果是（　　）。

```
vlist = list(range(1,6))
print(vlist)
```

A. 1,2,3,4,5　　B. [1, 2, 3, 4,5]　　C. 1 2 3 4 5　　D. 1;2;3;4;5

33. 以下选项中，**不能**建立字典的是（　　）。

A. dict= {(1,2):1, (3,4):3}　　B. dict = {'张三':1, '李四':2}

C. dict = {1:[1,2], 3:[3,4]}　　D. dict = {[1,2]:1, [3,4]:3}

34. 如果 name = "全国计算机等级考试二级 Python"，以下选项中输出**错误**的是（　　）。

A. >>> print(name[11:])
Python

B. >>> print(name[:11])
全国计算机等级考试二级

C. >>> print(name[1], name[3], name[–7])
全 计 级

D. >>>print(name[:])
全国计算机等级考试二级 Python

35. 下面代码的输出结果是（　　）。

```
ls = ["2020", "20.20", "Python"]
ls.append(2020)
ls.append([2020, "2020"])
print(ls)
```

A. ['2020', '20.20', 'Python', 2020, 2020, '2020']

B. ['2020', '20.20', 'Python', 2020, [2020, '2020']]

C. ['2020', '20.20', 'Python', 2020, ['2020']]

D. ['2020', '20.20', 'Python', 2020])

36. 以下选项中，能输出随机列表元素最大值的是（　　）。

A. print(max(lst))　　B. print(lst.max())

C. print(lst.max(i))　　D. print(lst.pop(i))

37. 下面代码的输出结果是（　　）。

```
lst = list(range(2,15,3))
print(9 in lst)
```

A. 0　　B. False　　C. –1　　D. True

38. 关于分词库 jieba 的描述，以下选项中**错误**的是（　　）。

A. jieba.add_word(word)函数，可以向分词词典里增加新词

B. jieba 是 Python 中一个重要的标准函数库

C. jieba.cut(sentence)是精确模式，返回一个可迭代的数据类型

D. jieba.lcut(sentence)是精确模式，返回列表类型

39. 下面代码的输出结果是（　　）。

```
s =["seashell","gold","pink","brown","purple","tomato"]
print(s[4:])
```

A. ['seashell', 'gold', 'pink', 'brown']

B. ['purple', 'tomato']

C. ['gold', 'pink', 'brown', 'purple', 'tomato']

D. ['purple']

40. 下面关于函数的说法中，**错误**的是（　　）。

A. 函数是一段可重用的语句组　　B. Python 定义函数的关键字是 function

C. 函数通过函数名调用　　D. 函数是一段具有特定功能的语句组

二、基本操作

41. 程序 py101.py 的功能是：使用 input()函数输入正整数 *n*，输出一个宽度为 24 字符，*n* 右对齐显示，带千位分隔符的效果，使用字符“+”填充。如果输入的正整数超过 24 位，则按照实际长度输出。

例如，键盘输入“1234567”，屏幕输出“+++++++++++++++1,234,567”。

在横线上书写代码，完善 py101.py，给出的代码如下。

```
# 请在______处使用一行或多行代码
# 注意：请不要修改其他已给出的代码
n = input()
_______________________  #可以是多行代码
```

42. 程序 py102.py 的功能是：使用第三方库 pyinstaller 打包程序。给出一个 Python 源程序文件 a.py，图标文件 a.ico，将其打包为在 Windows 操作系统上带有上述图标的单一可执行文件。

程序代码保存到 py102.py 中。

43. 程序 py103.py 的功能是：以 789 为随机数种子，随机生成 10 个在 100～999（含）之间的随机数，以逗号分隔并输出。

在横线上书写代码，完善 py103.py，给出的代码如下。

```
# 请在______处使用一行代码
# 注意：请不要修改其他已给出的代码
import random
________
for i in range(________):
    print(________, end=",")
```

三、简单应用

44. 程序 py201.py 的功能是：使用 turtle 库的 turtle.right() 函数和 turtle.fd() 函数绘制一个菱形，边长为 200 像素，效果如图 15-2 所示。编写程序，实现 py201.py 的功能。

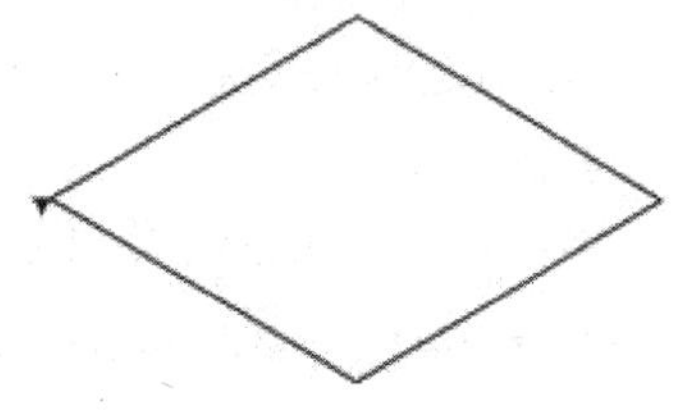

图 15-2　程序运行效果

45. 程序 py202.py 的功能是：计算列表 a 中的元素与列表 b 中逐项乘积的累加和。请在横线处补充完善代码，使得程序能够正确运行。

给出的程序代码如下。

```
# 请在______处使用一行代码
# 注意：请不要修改其他已给出的代码
a = [[1,2,3], [4,5,6], [7,8,9]]
b = [3,6,9]
________
for c in a:
    for j in________:
        s += c[j]*b[j]
print(s)
```

四、综合应用

46. 给出一个文本文件 country.txt，其部分内容如下。

```
一个陕北人眼中的县城
    我出生在 20 世纪 80 年代，在我小的时候，县城对于我来说那就是耳中听说的地方，县城有车、有楼、有电灯、有电视……县城就是我梦想渴望生存的地方。因为我出生在农村，又自幼在农村长大，小时候让我眼花缭乱的地方也就是乡镇的集市了。
    ……
```

（1）请编写程序 py301a.py。程序的功能是统计文本文件 country.txt 中字符出现的次数，字符与出现次数之间用冒号（：）分隔，将前 30 个出现频率高的字符保存到文件 count.txt 中。该文件内容要求如下：采用 CSV 格式存储；统计的字符不包括标点符号；不统计回车字符。参考运行结果如下。

```
的:31,城:17,县:16,在:16,我:15,……
```

（2）请编写程序 py301b.py，将“count.txt”中出现的与字符串 sentence 相同的字符输出，并保存至 sames.txt 文件中，字符间使用逗号分隔。

字符串 sentence 定义如下。

```
sentence= '''梭罗说：“我步入丛林，因为我希望生活得有意义。我希望活得更深刻。”；“独立之精神，自由之思想”“重估一切价值”磨砺了我理性的思想；诗教的温柔敦厚、艺术的含而不露陶冶了我温和恬淡的性情；《世说新语》《谈美》则回应了我追求美的心灵：以我之眼观物，则生活中无处不美，喜鹊闪烁宝石光彩的翎毛、青苔上一树摇摇的红叶，都能点缀我的梦境。'''
```

五、参考解答

（一）单项选择

C　C　D　C　B　　D　C　A　B　D

A　D　D　D　A　　B　D　B　B　B

D　C　A　D　D　　D　D　A　C　C

A　B　D　C　B　　A　B　B　B　B

（二）基本操作

41. 本题考查的是 format()方法的格式控制。

解析

字符串的 format()方法的语法格式如下：

```
[<参数序号>:<格式控制标记>]
```

格式控制标记包括：<填充><对齐><宽度><，><精度><类型>等 6 个字段，这些字段是可选的，可以组合使用。

填充经常与对齐一起使用，^、<、>分别表示居中、左对齐、右对齐，后面接宽度，冒号后面是填充的字符，只能是一个字符，默认使用空格填充。

参考答案如下。

```
n = input()  # 请输入整数
print("{:+>20,}".format(eval(n)))
```

42. 本题考查的是使用 pyinstaller 库打包文件。

pyinstaller 是用于源文件打包的第三方库，它能够在 Windows、Linux、Mac OS X 等操作系统下将 Python 源文件打包。打包后的 Python 文件可以在没有安装 Python 的环境中运行，也可以作为一个独立文件进行传递和管理。常用参数如下。

-D，默认值，用于生成 dist 目录。

-F，在 dist 文件夹中只生成独立的打包文件。

-i，指定打包程序使用的图标（icon）文件。

py102.py 程序代码如下。

```
pyinstaller -i a.ico -F a.py
```

43. 本题考查的是 random 库。

解析

random 库中的函数主要用于产生各种分布的伪随机数序列，常用的函数如下。

random.seed(a=None)：初始化伪随机数生成器。

random.randint(a, b)：返回[a,b]的一个随机整数，等价于(a,b+1)。

random.random()：返回一个介于[0.0, 1.0)的浮点数。

random.uniform(a, b)：返回一个介于 a 和 b 之间的浮点数。

参考答案如下。

```
import random
random.seed(789)
for i in range(10):
    print(random.randint(100,999), end=",")
```

（三）简单应用

44. 本题考查内容为 turtle 绘图的相关方法。

turtle.fd()和 turtle.right()是 turtle 绘图的常用方法。

turtle.fd(distance)函数的作用是控制画笔沿当前行进方向前进的距离，参数 distance 是行进距离的像素值，当值为负数时，表示向相反方向前进。

turtle.left(angle)和 turtle.right(angle)，是指画笔向左和向右旋转 angle 角度。参数 angle 是角度的数值。

参考代码如下。

```
import turtle as t
t.right(-30)
for i in range(2):
    t.fd(200)
    t.right(60*(i+1))
for i in range(2):
    t.fd(200)
    t.right(60*(i+1))
```

45. 本题考查的是使用 for 循环实现矩阵运算。

解析

为实现矩阵的累加运算，将 s 赋初值为 0。

使用二重的 for 循环实现累加计算，在遍历第 2 个列表时，使用 range()函数。

参考答案如下。

```
a = [[1,2,3], [4,5,6], [7,8,9]]
b = [3,6,9]
```

```
s = 0
for c in a:
    for j in range(3):
        s += c[j]*b[j]
print(s)
```

（四）综合应用

46. 本题考查的是文件、字典、列表等知识点的综合应用能力。

解析

（1）统计 country.txt 文件中出现次数最多的字符，使用“字符:次数”方式表示。

使用 open()函数的“r”模式打开文件，一次性读入文件内容至变量 txt 中。

创建字典变量 d，采用遍历循环遍历 txt 中的每个字符，并利用字典将每个字符出现的次数累加计入“字符:次数”键值对表达式中。

调试运行程序，将需要排除的标点符号放到一个列表中，并使用 for 循环排除。

使用字典的 items()方法获取所有的键值对并转换为列表类型，赋值给变量 ls。再使用 ls.sort(key=lambda x:x[1], reverse=True)语句，对第二列进行排序（根据字符出现的次数从大到小排序），将字符出现的最大次数输出。

程序代码如下。

```
#（1）程序代码，py301a.py
fi = open("country.txt", "r")
fo = open("字符统计.txt", "w", encoding="utf-8")
txt = fi.read()
d = {}
for c in txt:
    d[c] = d.get(c, 0) + 1
for symbol in ["\n","。","、",", "]:
    del d[symbol]

ls = list(d.items())
ls.sort(key=lambda x:x[1], reverse=True)
for i in range(10):
    ls[i] = "{}:{}".format(ls[i][0], ls[i][1])
fo.write(",".join(ls[:10]))
fi.close()
fo.close()
```

（2）打开文件 count.txt，使用语句 words = f.read().split(','), 将文件内容读取至列表 words 中。再使用语句 words[i] = words[i].split(':')[0]，列表 words 中只保存了字符（抛弃次数）。

遍历字符串变量 sentence，将所有字符添加到集合 aset 中，排除 sentence 中出现多次的字符（只保留一次即可）。

最后遍历列表 words，如果在集合 aset 中存在，则添加到一个空列表 lst 中，最后将 lst 写入文件 sames.txt。

程序代码如下。

```
#（2）程序代码，py301b.py
f = open("count.txt", "r", encoding="utf-8")
words = f.read().split(',')
for i in range(len(words)):
    words[i] = words[i].split(':')[0]
```

```
f.close()
#print(words)

sentence= '''梭罗说：“我步入丛林，因为我希望生活得有意义。我希望活得更深刻。”
；“独立之精神，自由之思想”“重估一切价值”磨砺了我理性的思想；诗教的温柔敦
厚、艺术的含而不露陶冶了我温和恬淡的性情；《世说新语》《谈美》则回应了我追求美
的心灵：以我之眼观物，则生活中无处不美，喜鹊闪烁宝石光彩的翎毛、青苔上一树摇摇
的红叶，都能点缀我的梦境。'''
aset=set()
lst=[]
for c in sentence:
    aset.add(c)
#print(aset)
for c in words:
    if c in aset:
        lst.append(c)
#print(lst)
fo = open("sames.txt", "w")
fo.write(",".join(lst))
fo.close()
```

15.3　模拟试卷 3

一、单项选择

1. 数据库系统采用三级模式和二级映射，是为了提高数据库的物理独立性和（　　）。

　A. 逻辑独立性　　B. 数据独立性　　C. 安全性　　D. 并发性

2. 某二叉树共有 9 个结点，其中叶子结点只有 1 个，则该二叉树的深度为（根结点在第 1 层）（　　）。

　A. 6　　B. 7　　C. 8　　D. 9

3. 在数据库的数据模型中，面向客观世界和用户，并与具体数据库管理系统无关的是（　　）。

　A. 逻辑模型　　B. 概念模型　　C. 物理模型　　D. 面向对象的模型

4. 描述数据库系统中全局数据的逻辑结构，且为全体用户公共数据视图的是（　　）。

　A. 概念模式　　B. 外模式　　C. 内模式　　D. 中间模式

5. 关于线性表的顺序存储结构和线性表的链式存储结构，以下选项中描述正确的是（　　）。

　A. 顺序存取的存储结构、随机存取的存储结构

　B. 随机存取的存储结构、随机存取的存储结构

　C. 随机存取的存储结构、顺序存取的存储结构

　D. 顺序存取的存储结构、顺序存取的存储结构

6. 在结构化方法中，软件功能分解属于软件开发中的（　　）阶段。

　A. 详细设计　　B. 需求分析　　C. 总体设计　　D. 编程调试

7. 面向对象的设计方法与面向过程的设计方法有本质的不同，面向对象方法的核心思想是（　　）。

　A. 模拟客观世界中不同事物之间的关系

　B. 强调程序的算法而不强调事物之间的关系

C. 使用客观世界的概念抽象地思考问题，从而自然地解决问题

D. 强调根据实际领域的概念去思考问题

8. 与信息隐蔽的概念直接相关的选项是（　　）。

A. 模拟扩展性　　B. 模块独立性　　C. 模块类型划分　　D. 模拟耦合度

9. 以下数据结构中**不属于**线性数据结构的是（　　）。

A. 队列　　B. 线性表　　C. 二叉树　　D. 栈

10. 软件设计中划分模块的一个准则是（　　）。

A. 低内聚高耦合　　B. 高内聚高耦合

C. 高内聚低耦合　　D. 低内聚低耦合

11. Python 的 pip 工具用于安装第三方库，其运行环境是（　　）。

A. IDLE 交互环境

B. 操作系统的命令行环境

C. IDLE 交互环境与操作系统的命令行环境均可

D. IDLE 的程序调试环境

12. 在屏幕上输出“HiHi”，使用的 Python 语句是（　　）。

A. print("hi"*2)　　B. print("hi"+2)　　C. print("hi"^2)　　D. print("hi"-2)

13. 以下变量名中，**不符合** Python 变量命名规则的是（　　）。

A. pass_1　　B. pass1_　　C. _pass1　　D. pass

14. 以下关于 Python 浮点数类型的描述中，**错误**的选项是（　　）。

A. Python 语言要求所有浮点数必须带有小数部分

B. 浮点数类型表示带有小数的类型

C. 小数部分不可以为 0

D. 浮点数类型与数学中实数的概念一致

15. 以下关于二进制整数的定义，正确的选项是（　　）。

A. 0xC33　　B. 0xC44　　C. 0b1012　　D. 0B1110

16. 以下代码运行时输入 oxff，输出结果是（　　）。

```
num=6
while -1:
    num =eval(input())
    if num != 0xff//2:
        break
print(num)
```

A. "0xff//2"　　B. 6　　C. 255　　D. 0xff//2

17. 关于 jieba 库的函数 jieba.lcut(x)，以下选项中描述正确的是（　　）。

A. 向分词词典中增加新词 x

B. 精确模式，返回中文文本 x 分词后的列表变量

C. 全模式，返回中文文本 x 分词后的列表变量

D. 搜索引擎模式，返回中文文本 x 分词后的列表变量

18. 以下的描述中，**不属于** Python 控制结构的是（　　）。

A. 循环结构　　B. 程序异常　　C. 跳转结构　　D. 顺序结构

19. 以下代码的输出结果是（　　）。

```
s="helloworld"
for c in s:
    if c=="o" or s=='L':
        continue
print(c, end='')
```

A. hellwrld B. hewrd C. helloworld D. heoword

20. 以下关于分支和循环结构的描述中，**错误**的选项是（ ）。

A. 所有的 for 分支都可以用 while 循环改写

B. while 循环只能用来实现无限循环

C. 可以终止一个循环的关键字是 break

D. continue 可以停止后续代码的执行，从循环的开头重新执行

21. 关于以下代码的叙述中，**错误**的选项是（ ）。

```
def myfunc(a,b):
  c=a**2+b
  b=a
  return c
a=10
b=100
c=myfunc(a,b)+a
```

A. 该函数名称为 myfunc B. 执行该函数后，变量 c 的值为 200

C. 执行该函数后，变量 b 的值为 100 D. 执行该函数后，变量 a 的值为 10

22. 以下关于 Python 全局变量和局部变量的描述中，**错误**的选项是（ ）。

A. 全局变量在程序执行的全过程有效

B. 全局变量可用 global 语句声明

C. 全局变量不能和局部变量重名

D. 程序中的变量可分为全局变量和局部变量两类

23. 以下关于 Python 函数的描述中，正确的选项是（ ）。

A. 一个函数中只允许有一条 return 语句

B. def 和 return 是函数定义必须使用的关键字

C. lambda()是一种匿名函数

D. 函数 eval()可以用于数值表达式求值，例如 eval("2.2**3+10")

24. 以下关于 Python 函数的描述中，**错误**的选项是（ ）。

A. 函数是一段可重用的语句组 B. 每次调用函数需要提供相同的参数

C. 函数通过函数名进行调用 D. 函数是一段实现特定功能的语句组

25. 函数有 3 个参数，其中两个参数指定了默认值，调用函数时参数个数最少是（ ）个。

A. 0 B. 2 C. 1 D. 3

26. 以下选项中，**错误**的是（ ）。

A. Python 的 str、tuple 和 list 等类型都属于序列类型

B. 组合数据类型可以分为 3 类：序列类型、集合类型和映射类型

C. Python 组合数据类型能够将多个数据组织起来，其元素可以通过序号或切片访问

D. 序列类型的元素之间存在先后关系，通过序号访问

27. 以下代码的输出结果是（ ）。

```
ls=[[1,2,3],[[4,5],6],[7,8]]
print(len(ls))
```

A. 3　　B. 1　　C. 4　　D. 6

28. 以下代码的输出结果是（　　）。

```
ls = ["2020", "20.20", "Python"]
ls.append(2020)
ls.append([2020, "2020"])
print(ls)
```

A. ['2020', '20.20', 'Python', 2020]

B. ['2020', '20.20', 'Python', 2020, [2020, '2020']]

C. ['2020', '20.20', 'Python', 2020, 2020, '2020']

D. ['2020', '20.20', 'Python', 2020, ['2020']]

29. 以下代码的输出结果是（　　）。

```
d ={"大海":"蓝色","天空":"灰色","大地":"黑色","森林","" }
print(d["大地"],d.get("森林","绿色"))
```

A. 黑色　黑色　　B. 黑色　绿色

C. 黑色　代码异常　　D. 黑色

30. 以下函数定义中，**错误**的是（　　）。

A. def vfunc(a,b=2):　　B. def vfunc(a,b):

C. def vfunc(a,*b):　　D. def vfunc(*a,b):

31. 下面方法中，**不属于** Python 文件的读操作方法的是（　　）。

A. with()　　B. readline()　　C. tell()　　D. read()

32. 以下关于 Python 二维数据的描述中，**错误**的是（　　）。

A. 从 CSV 文件读取数据后，可以用 replace()方法去掉每行最后的换行符

B. CSV 文件的每一行是一维数据，可以用列表、元组和字典表示

C. 若一个列表中的元素都是字符串类型，可以用 join()合成字符串

D. 列表中保存的二维数据，可以通过循环用 write()写入 CSV 文件

33. 下列按键或快捷键中能够中断（Interrupt Execution）Python 程序运行的是（　　）。

A. Ctrl + C　　B. Del　　C. ESC　　D. Backspace

34. 文件 file.txt 在当前代码所在目录内，其内容是一段文本："Hi,everyone!"，以下代码的输出结果是（　　）。

```
txt = open("file.txt", "r")
txt.seek(2)
print(txt.read(5))
txt.close()
```

A. Hi,ev　　B. every　　C. Hi,everyone!　　D. ,ever

35. 假设 my.txt 在当前代码所在目录内，文件内容如下，以下代码的输出结果是（　　）。

春路,雨,添花

花动,一山,春色

```
f = open("my.txt", "r")
ls = f.read().split(",")
```

```
print(ls)
f.close()
```

A. ['春路,雨,添花,花动,一山,春色']

B. ['春路', '雨', '添花', '花动', '一山', '春色']

C. ['路', '雨', '添花\n 花动', '一山', '春色']

D. ['春路', '雨', '添花', '\n', '花动', '一山', '春色']

36. 以下代码中，可以读写二进制文件的是（　　）。

A. file=open("pro1.py","rb")　　B. file=open("pro1.py","wb")

C. file=open("pro1.py","rb+")　　D. file=open("pro1.py","a+")

37. 以下代码运行后，mytext.txt 文件的内容是（　　）。

```
file = open("mytext.txt","w")
ls = [wangming,'23','201009','20']·
file.writelines(ls)
file.close()
```

A. [wangming,23,201009,20]　　B. wangming,23,201009,20

C. wangming2320100920　　D. [' wangming ','23','201009','20']

38. 不属于 Python 开发用户界面的第三方库的是（　　）。

A. wxpython　　B. PyQt5　　C. turtle　　D. pygtk

39. 不属于 Python 数据分析及可视化处理第三方库的是（　　）。

A. mxnet　　B. pandas　　C. mayavi2　　D. numpy

40. 函数 random.uniform(a,b)的作用是（　　）。

A. 生成一个[a, b]的随机整数

B. 生成一个(a, b)的随机数

C. 生成一个均值为 a，方差为 b 的正态分布

D. 生成一个[a, b]的随机小数

二、基本操作

41. 程序 py101.py 的功能是：接收从键盘输入的浮点数字符串 i，按要求把 i 输出到屏幕，输出格式要求为宽度 20，右对齐，增加千位分隔符，使用“-”填充。

例如，键盘输入“345678.1234”，屏幕输出“345,678.1234”。

在横线上书写代码，完善 py101.py，代码框架如下。

```
# 请在______处使书写一行代码
# 注意：请不要修改其他已给出的代码
i=input("请输入浮点数：")
__________ #一行代码
```

42. 编写程序 py102.py，功能如下。

按照斐波那契数列的定义，$f(0)=0,f(1)=1,\cdots,f(n)=f(n-1)+f(n-2),(n\geqslant 1)$，输出不大于 100 的序列元素。

例如，屏幕输出样例为：

```
0,1,1,2,3,…
```

43. 编写程序 py103.py，功能如下：

使用 Python 的基本语法（内置库），计算下面数学表达式的结果并输出，保留 3 位小数。

$$x=\sqrt{\frac{4^3+5\times 2.2^4}{5^2}}$$

三、简单应用

44. 程序 py201.py 的功能是：使用 turtle 库的 turtle.fd()函数和 turtle.seth()函数绘制一个等边三角形，边长为 200 像素。编写程序 py201.py，运行效果如图 15-3 所示。

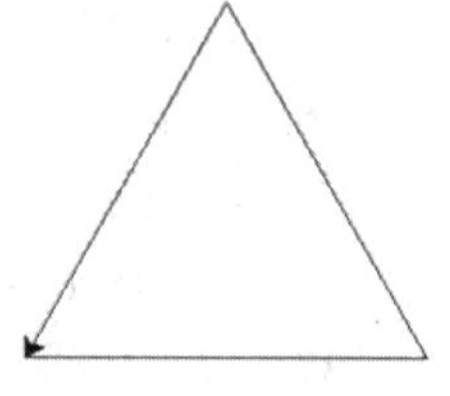

图 15-3　程序运行效果

45. 学生学分绩点信息存放在文本文件 score.csv 中，每条信息一行，数据项之间用逗号分隔，文件结构如下，其中的逗号为英文逗号。

课程,绩点
数学,4.0
语文,3.7
英语,2.6
物理,2.9
生物,3.7

编写程序 py202.py，输出得分最高的课程及学分绩点，得分最低的课程及学分绩点，以及平均学分绩点，保留 2 位小数。

例如，屏幕输出样例为：

最高学分绩点课程是数学 4.0, 最低学分绩点课程是英语 2.6, 平均学分绩点是 3.38。

四、综合应用

46. 下面是部分选手参加某电视竞赛的打分文件 e1.csv 的部分成绩。

```
选手编号,选手姓名,性别,评委打分,现场观众打分,电视观众打分,最终得分,与最高分之差
001,李丽飞,女,85,92,87,87.2,5.6
002,王君,女,91,92,95,92.8,0
003,高红红,女,88,87,90,88.6,4.2
004,周旺心,男,76,82,75,76.8,16
005,邓子勇,男,67,83,69,71,21.8
006,张石,男,91,90,89,90,2.8
```

其中，每行是一条记录，数据项之间用英文逗号分隔，第一行是表头信息。e1.csv 中，评委打分和现场观众打分分别位于第 4 列和第 5 列。

编写程序 py301.py，统计并输出评委打分和现场观众打分的最大值、最小值和平均值，所有数值均保留 2 位小数。

五、参考解答

（一）单项选择

A　D　B　A　C　　C　C　B　C　C
B　A　D　C　D　　C　B　C　A　B
B　C　D　B　C　　C　A　B　D　D
A　B　A　B　C　　C　C　C　A　D

（二）基本操作

41. 本题考查的是 format()方法的格式控制。

解析

字符串的 format()方法的语法格式如下：

```
[<参数序号>:<格式控制标记>]
```

格式控制标记包括：<填充><对齐><宽度><,><精度><类型>等 6 个字段，这些字段是可选的，可以组合使用。

填充经常与对齐一起使用，^、<、>分别表示居中、左对齐、右对齐，后面接宽度，冒号后面是填充的字符，只能是一个字符，默认使用空格填充。

本题考核的是浮点数格式，需要对输入的字符串数据使用 eval()方法转换为浮点数。

参考答案如下。

```
i=input("请输入浮点数：")
print("{:->20,}".format(eval(i)))
```

42. 本题考查的是循环结构和斐波那契数列。

解析

斐波那契数列的定义如下：$f(0)=0,f(1)=1,f(n)=f(n-1)+f(n-2),(n \geqslant 1)$。

本题通过 while 实现无限循环，参考答案如下。

```
a, b = 0, 1
while a<=100:
    print(a, end=',')
    c=a+b
    a=b
    b=c
```

在程序的第一行将 a、b 的值分别赋为 0 和 1。循环中的第一条语句输出 a 的值（不换行）。之后，执行的操作如下。

```
temp=a+b
a=b
b=temp
```

从而实现斐波那契数列算法。

程序也可以写为下面的形式。

```
a, b = 0, 1
while a<=100:
    print(a, end=',')
    a, b = b,a+b
```

43. 本题考查 Python 内置函数的使用。

参考代码如下。

```
x=pow((4**3+5*2.2**4)/5**2,0.5)
print("{:.3f}".format(x))
```

（三）简单应用

44. 本题考查内容为 turtle 绘图的相关方法。

turtle.fd(distance)或 turtle.forward(distance)函数的作用是控制画笔沿当前行进方向前进的距离，参数 distance 是行进距离的像素值，当值为负数时，表示向相反方向前进。

turtle.seth(angel)或 turtle.setheading(angle)用来改变画笔绘制的方向，参数 angle 是绝对方向角

度的数值。程序在循环中，先按 0° 前进，再分别按绝对方向旋转 120° 和 240°。

参考代码如下。

```
import turtle as t
for i in range(3):
    t.seth(i*120)
    t.fd(200)
```

45. 本题综合考查文件操作和字典的应用。

学分绩点数据保存在 score1.csv 文件中，需要了解该文件的结构，并且使用 readline()方法跳过 csv 文件的第一行，即跳过表头。

使用字典数据结构，“课程:绩点”这种形式可以很方便地构造字典的数据项。程序中需要特别注意的是，csv 文件每行的末尾有一个换行符"\n"，需要使用 replace("\n","")方法替换掉"\n"符号，否则得不到合适的运行结果。

使用 list(d.items())方法将字典 d 转换为列表，再对列表进行排序。由于列表已经排序，列表的第 0 项即学分绩点的最小值，列表的最后 1 项即学分绩点的最大值。遍历列表，累加后得到学分绩点的和，进一步求得平均学分绩点。

参考代码如下。

```
f=open("score1.csv","r")

f.readline()
d={}
for line in f:
    t=line.split(",")
    t[1]=t[1].replace("\n","")    #删除数据项后的\n 符号
    d[t[0]]=t[1]

ls=list(d.items())
ls.sort(key=lambda x:x[1],reverse=True)
s1,g1=ls[0]
s2,g2=ls[len(ls)-1]
a=0
for i in d.values():
    a=a+float(i)
a=a/len(ls)
print("最高学分绩点课程是{}{}, 最低学分绩点课程是{}{}, 平均学分绩点是
{:.2f}".format(s1,g1,s2,g2,a))
```

（四）综合应用

46. 本题主要考查文件操作和数据统计工作。

解析

题目要求完成两列类似数据的计算，可以设计为函数，通过向函数传递不同列的序号，实现不同列的计算。

因为涉及文件操作，可以对文件的打开和读写进行异常处理。

因为涉及 csv 文件，需要考虑文件的结构及是否需要跳过 csv 文件的表头。

参考代码如下。

```
def getdata(col):
    try:
```

```
        f = open("e2.csv", "r",encoding="utf-8")
        avg, cnt = 0, 0
        maxv, minv = 0, 9999
        f.readline()
        for line in f:
            ls = line.split(",")
            cnt += 1
            val = eval(ls[col])
            avg += val
            if val > maxv:
                maxv = val
            if val <minv:
                minv = val
        print("最大值、最小值、平均值分别是: {:.2f}, {:.2f}, {:.2f}"\
            .format(maxv, minv, avg/cnt))
        f.close()
    except FileNotFoundError:
        print(文件打开错误)
getdata(3)
getdata(4)
```

附 录

全国计算机等级考试二级 Python 语言程序设计考试大纲（2018 年版）

基本要求

1. 掌握 Python 语言的基本语法规则。
2. 掌握不少于 2 个基本的 Python 标准库。
3. 掌握不少于 2 个 Python 第三方库，掌握获取并安装第三方库的方法。
4. 能够阅读和分析 Python 程序。
5. 熟练使用 IDLE 开发环境，能够将脚本程序转变为可执行程序。
6. 了解 Python 计算生态在以下方面（不限于）的主要第三方库名称：网络爬虫、数据分析、数据可视化、机器学习、Web 开发等。

考试内容

一、Python 语言基本语法元素

1. 程序的基本语法元素：程序的格式框架、缩进、注释、变量、命名、关键字、数据类型、赋值语句、引用。
2. 基本输入输出函数：input()、eval()、print()。
3. 源程序的书写风格。
4. Python 语言的特点。

二、基本数据类型

1. 数字类型：整数类型、浮点数类型和复数类型。
2. 数字类型的运算：数值运算操作符、数值运算函数。
3. 字符串类型及格式化：索引、切片、基本的 format 格式化方法。
4. 字符串类型的操作：字符串操作符、处理函数和处理方法。
5. 类型判断和类型间转换。

三、程序的控制结构

1. 程序的 3 种控制结构。
2. 程序的分支结构：单分支结构、二分支结构、多分支结构。
3. 程序的循环结构：遍历循环、无限循环、break 和 continue 循环控制。
4. 程序的异常处理：try…except。

四、函数和代码复用

1. 函数的定义和使用。
2. 函数的参数传递：可选参数传递、参数名称传递、函数的返回值。
3. 变量的作用域：局部变量和全局变量。

五、组合数据类型

1. 组合数据类型的基本概念。
2. 列表类型：定义、索引、切片。
3. 列表类型的操作：列表的操作函数、列表的操作方法。
4. 字典类型：定义、索引。
5. 字典类型的操作：字典的操作函数、字典的操作方法。

六、文件和数据格式化

1. 文件的使用：文件打开、读写和关闭。
2. 数据组织的维度：一维数据和二维数据。
3. 一维数据的处理：表示、存储和处理。
4. 二维数据的处理：表示、存储和处理。
5. 采用 CSV 格式对一维和二维数据文件的读写。

七、Python 计算生态

1. 标准库：turtle 库（必选）、random 库（必选）、time 库（可选）。
2. 基本的 Python 内置函数。
3. 第三方库的获取和安装。
4. 脚本程序转变为可执行程序的第三方库：PyInstaller 库（必选）。
5. 第三方库： jieba 库（必选）、wordcloud 库（可选）。
6. 更广泛的 Python 计算生态，只要求了解第三方库的名称，不限于以下领域：网络爬虫、数据分析、文本处理、数据可视化、用户图形界面、机器学习、Web 开发、游戏开发等。

考试方式

上机考试，考试时长 120 分钟，满分 100 分。

1. 题型及分值

单项选择题 40 分（含公共基础知识部分 10 分）。

操作题 60 分（包括基本编程题和综合编程题）。

2. 考试环境

Windows 7 操作系统，建议使用 Python 3.4.2 至 Python 3.5.3 版本，IDLE 开发环境。

参考文献

[1] 黄天羽，李芬芬. 高教版 Python 语言程序设计冲刺试卷（含线上题库）. 2 版 [M]. 北京：高等教育出版社，2019.
[2] 周元哲. Python 程序设计习题解析 [M]. 北京：清华大学出版社，2017.
[3] 金百东，刘德山，刘丹. Java 程序设计学习指导与习题解答 [M]. 北京：科学出版社，2012.
[4] 张基温，魏士靖. Python 开发案例教程 [M]. 北京：清华大学出版社，2019.
[5] 嵩天，礼欣，黄天羽. Python 程序设计基础. 2 版 [M]. 北京：高等教育出版社，2017.
[6] 夏敏捷，张西广. Python 程序设计应用教程 [M]. 北京：中国铁道出版社，2018.
[7] 董付国. Python 程序设计实验指导书 [M]. 北京：清华大学出版社，2019.
[8] 邓英，夏帮贵. Python3 基础教程 [M]. 北京：人民邮电出版社，2016.
[9] 黑马程序员. Python 快速编程入门 [M]. 北京：人民邮电出版社，2017.